# 中国古代建筑欣赏

许晓林 ◎ 著

安徽师范大学出版社
ANHUI NORMAL UNIVERSITY PRESS

·芜湖·

**图书在版编目(CIP)数据**

中国古代建筑欣赏 / 许晓林著. -- 芜湖 : 安徽师
范大学出版社, 2024.11
ISBN 978-7-5676-6631-3

Ⅰ.①中… Ⅱ.①许… Ⅲ.①古建筑－建筑艺术－鉴
赏－中国 Ⅳ.①TU-862

中国国家版本馆CIP数据核字(2024)第046887号

# 中国古代建筑欣赏
ZHONGGUO GUDAI JIANZHU XINSHANG

许晓林◎著

责任编辑:孙新文　　　　　　责任校对:卫和成　庞格格
装帧设计:王晴晴　冯君君　　责任印制:桑国磊
出版发行:安徽师范大学出版社
　　　　　芜湖市北京中路2号安徽师范大学赭山校区　　邮政编码:241000
网　　　址:http://www.ahnupress.com/
发 行 部:0553-3883578　　　5910327　　　5910310(传真)
印　　刷:安徽联众印刷有限公司
版　　次:2024年11月第1版
印　　次:2024年11月第1次印刷
规　　格:700 mm×1000 mm　　1/16
印　　张:9.75
字　　数:141千字
书　　号:978-7-5676-6631-3
定　　价:36.00元

凡发现图书有质量问题,请与我社联系(联系电话:0553-5910315)

# 目　录

# 从烟囱说起

1793 年 6 月，乔治·马戛尔尼率领 800 多人的英国使团抵达中国澳门，开始了长达 204 天的对华访问①。乔治·斯当东为使团副使，约翰·巴罗为使团事务总管。

在西方，人们见惯了屋顶的烟囱，烟囱是房屋建筑的烟道出口。但在中国，马戛尔尼一行却一直未能看到屋顶的烟囱。

约翰·巴罗说：

> 在北京甚至看不到屋顶上有突出的烟囱，房屋几乎都一般高，街道呈直线，像大营盘的规整形状。房屋上漆成白色，而非红、绿或蓝色，完全是一个样子。②
>
> 每座房屋都是按同样设计建造，房屋的结构缺少品位、宏伟、美观、坚实及设备。房屋不过是营帐，没有什么优点，甚至皇帝的宫室也一样。③

乔治·斯当东也注意到烟囱，但对中国建筑的总体印象却与巴罗不同：

---

① 1794 年 1 月 8 日，该使团经由广州回国。

② ［英］乔治·马戛尔尼、［英］约翰·巴罗著，何高济、何毓宁译：《马戛尔尼使团使华观感》，中国旅游出版社、商务印书馆 2017 年版，第 167 页。

③ ［英］乔治·马戛尔尼、［英］约翰·巴罗著，何高济、何毓宁译：《马戛尔尼使团使华观感》，中国旅游出版社、商务印书馆 2017 年版，第 172 页。

和皇帝有关系的所有建筑物都是黄色琉璃瓦的屋顶。这些黄色琉璃瓦顶，当中没有烟囱，在边上和背脊上搭成调和的凹形线条。这样比一条整个长直线好看得多。瓦上面刻着各种事物形象或者幻想式创造，在太阳下面发出闪闪金光，确是伟大壮观。①

18世纪英国诺福克地区霍尔克姆府邸图（局部）②

　　19世纪末，美国土木工程师威廉·巴克利·柏生士（或译作"帕森斯"），也注意到中国建筑中的烟囱问题：

　　中国的房屋通常没有烟囱，因此当地人只得在家里使用无烟煤。他们在敞开式的火炉里燃烧这种煤，所产生的物质通过门，或不装玻璃的窗，或通常在房顶上能看到的许多缝隙排放到室外。③

　　中国古代建筑中，房屋是否真的没有烟囱？

　　烟囱，又名"灶突""火突""曲突""烟筒""烟通"等。《墨子·号令》："诸灶必为屏，火突高出屋四尺。"烟囱要高出屋面四尺（约合今制92.4厘米）。墨子生活于春秋时期，这一时期的屋面，泥背顶或者

---

　　①［英］斯当东著，叶笃义译：《英使谒见乾隆纪实》，商务印书馆1963年版，第313-314页。

　　②《世界建筑图鉴》编辑部：《世界建筑图鉴》，陕西师范大学出版社2008年版，第303页。屋顶烟囱清晰可辨。

　　③［美］柏生士著，余静娴译：《一位美国工程师的中国行纪》，中国旅游出版社、商务印书馆2017年版，第20页。

瓦盖顶，均可使用烟囱。

宋代，李诚奉敕编修《营造法式》。该书卷十三《立灶》云：

> 凡灶突，高视屋身，出屋外三尺（如时暂用，不在屋下者，高
> 三尺。突上作靴头出烟）。其方六寸。或锅增大者，量宜加之。加
> 至方一尺二寸止。并以石灰泥饰。[1]

可见，烟囱伸出屋面的高度具有一定的标准。

"烟囱"一词，最迟在明代已经出现。明代卢柟《蠛蠓集·与王凤洲郎中书》："贵人之门，耻为曳裾蓬箔烟囱。"[2]有人认为"烟囱"一词出现在唐代，亦难成确论[3]。

1972年10月，山东泰安东平县发掘出一座汉代墓葬，其中出土一件灰陶明器：

灰陶明器[4]

① (宋)李诚撰，王海燕注译：《〈营造法式〉译解》，华中科技大学出版社2011年版，第198—199页。

② (明)卢柟：《蠛蠓集·与王凤洲郎中书》，《文渊阁四库全书·集部》第1289册，第781页。

③ 参见孙书安编著《中国博物别名大辞典》，北京出版社2000年版，第593页。唐人崔涯《嘲李端端》："黄昏不语不知行，鼻似烟窗耳似铛。"清人毛奇龄以为"烟窗"当为"烟囱"，"窗当是传刻讹"。按唐人范摅《云溪友议·辞雍氏》亦为"鼻似烟窗耳似铛"。

④ 张春宇：《来自汉代的烟火气》，详见2022年7月10日(山东)《大众日报》。陶器高36厘米，面阔27.8厘米，进深26厘米，国家一级文物，现藏于东平县博物馆内。

这是一个汉代陶制厨房模型，房顶脊部立有烟囱，烟囱上有防雨的烟罩。

中国古建筑中的排烟设计，除了高出屋顶的烟囱，还有：

1. 屋顶出烟处虚盖瓦片，烟通过墙壁内的烟道从豁口排出，出烟口在外观上几乎与整个屋面融为一体。

2. 将烟囱放在山墙顶部，而不是置于屋顶上。

3. 顺着烟道，直接在山墙上部，或下部，或墙角底部开孔，将烟散出。

紫禁城养心殿东暖阁东山墙外的排烟口[①]

山西是古迹遗存众多的地方。清代的屋顶烟囱与墙壁烟口，现在在山西一些地方还可以见到：

陶制"卍"字锦烟气孔（晋东南）

石雕瓜花烟洞口（阳泉，晚清时期）[②]

① 朱庆征：《明清皇宫的取暖》，《紫禁城》2008年第1期，第204页。笔者按，紫禁城建筑物上的"钱眼"，多用来透风或排水。

② 王建华：《山西的古烟囱》，《文物世界》2003年第5期，第50页。

陶制攒尖顶烟囱群（清乾隆时期）①

陶制狻猊式烟囱（晋中，晚清时期）②

　　烟道、烟囱的设计对民居来说不是小事。皇宫虽无炊事，但有地暖系统，其排烟参见紫禁城养心殿东暖阁东山墙外的排烟口图。

　　18、19世纪时，北京有不少四合院。四合院屋顶一般看不到烟囱，炊事所产生的烟雾，实际上经由墙内烟道③，从山墙上端或墙角底部烟口排出。许多四合院内，还有火炕。"炕都有灶口和烟口，灶口是用来烧柴，烧柴产生的烟和热气通过炕间墙时烘热上面的石板，使炕产生热

---

　　① 王建华：《说说山西的古烟囱》，《荣宝斋》2003年第1期，第202页。

　　② 王建华：《山西的古烟囱》，《文物世界》2003年第5期，第52页。

　　③ 并不是所有的四合院都有厨房及烟道设计。

量。烟最后从东西山墙处的烟道排出。灶一般设在外屋一进门的犄角处，灶口与灶台相连，这样就可利用做饭的烧柴使火炕发热，不必再单独烧炕。"①如此设计，当时的西方人是猜想不到的。

世界著名的现代建筑大师赖特（Frank Lloyd Wright，1867—1959）对西方的烟囱造型提出尖锐批评：

> 那时，我们国内建筑的空中轮廓线都是一些怪胎，失真的屋顶平面的混乱特征折磨着它，而屋顶升起的醒目的烟囱就像嶙峋的手指威胁着天空。②

对中国的建筑空间思想，赖特亦有评断。

赖特是世界著名的现代建筑大师，也是有机建筑学派的代表。正如中国建筑学家汪坦所描写的那样："他极推崇中国古代哲学家老子。常引用《道德经》中'凿户牖以为室，当其无，有室之用'来阐述他的空间概念。"关于赖特之推崇老子，我们从如下一件趣事即可见一斑。据说，梁思成先生当年曾给他的学生们讲述过他访问赖特时的一段对话。那是1946年的事，当时梁思成曾作为由九国代表组成的联合国总部建筑选址委员会的中国代表，赴美国工作和讲学。在这期间，他访问了赖特。两个人一见面，赖特就开门见山地问梁思成："你到美国来的目的是什么？"梁思成回答说："是来学习建筑理论的。"赖特听了之后一挥手说："回去。最好的建筑理论在中国。"紧接着，赖特就背诵出了《老子》第十一章即有关"凿户牖以为室，当其无，有室之用"那段话的全部内容。赖特把《老子》一书中关于"有无相资"的这段话，誉为"最好的建筑理

---

① 段柄仁主编：《北京四合院志》（下），北京出版社2016年版，第1228页。

② ［美］赖特著，于潼译：《建筑之梦：弗兰克·劳埃德·赖特著述精选》，山东画报出版社2011年版，第8页。

论"，并把它作为校训写在他自己创办的学园的墙壁上。直到今天，人们还可以在赖特学园的墙上看到《老子》中的这段论述。①

依据西方单一的烟囱形式来比照中国建筑，并由此评判建筑之优劣，显然是偏狭的。

从烟囱说起

① 葛荣晋主编：《道家文化与现代文明》，中国人民大学出版社1991年版（1997年第2次印刷），第245—246页。梁思成与赖特的对话，非汪坦所言。关于赖特引用中国老子的话，参见汪坦：《1948生活在赖特身边》，中国建筑工业出版社2009年版，第178、184页。

# 屋有三分

北宋初期，木工喻皓著《木经》三卷。喻皓在书中说："凡屋有三分去声：自梁以上为上分，地以上为中分，阶为下分。"①指出房舍外立面有三个部分：屋顶、屋身、台基。房舍建造，是对这几部分的逐项完成；建筑欣赏，则是对这些部分的认知审美。

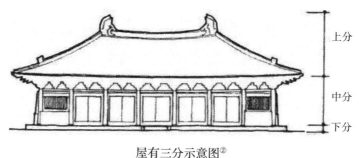

屋有三分示意图②

## 上分　屋顶形制与等级

西周时期，"礼制"逐渐覆盖到社会各个层面。名位等级，是"礼"的核心。《左传·庄公十八年》："名位不同，礼亦异数。"在"礼"的规范下，建筑同样也受到"礼"的制约：建筑空间、结构、式样、体量、材质、装饰等，都必须符合"礼"的要求、符合名位等级的规定。

①（宋）江少虞：《宋朝事实类苑》，上海古籍出版社1981年版，第681页。
②侯幼彬撰文，张振光等摄影：《台基》，中国建筑工业出版社2016年版，第14页。

木构建筑是中国古代建筑的主流，有五种基本的屋顶形制：庑殿顶、歇山顶、悬山顶、硬山顶、攒尖顶。前四种属于官式建筑中的正式建筑，攒尖顶则属于杂式建筑①。

**庑殿** 庑，"《说文》曰：庑，堂下周屋也。《释名》曰：大屋曰庑。"②殿，《说文》曰："堂，殿也。"③可知"殿"即是"堂"。所谓"庑殿"，实际就是"大殿"。庑殿顶有一条正脊，四条垂脊，因此又称"五脊殿"。由于它设有四面斜坡用以排水，故又称"四阿顶""四注顶"。唐代时，吴道子擅画庑殿顶，宋人因此将该屋顶称为"吴殿顶"。至清代，始称"庑殿顶"，因此"庑殿顶"是清式叫法。"庑殿顶"是古代建筑中的最高形制。

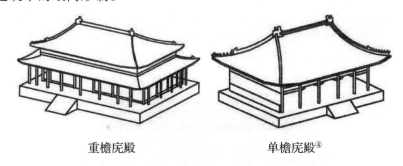

重檐庑殿　　　　　　单檐庑殿④

**歇山** 山，指山墙。歇，停歇。歇山顶有一正脊，四垂脊，四戗脊，故又称"九脊顶"（九条屋脊）。唐代曹仲达擅画"歇山顶"，宋人因此称该屋顶为"曹顶"。歇山顶两侧各有一个三角形山花，形成屋顶

---

① 王晓华主编：《中国古建筑构造技术》（第2版），化学工业出版社2019年版，第17页："正式与杂式是古建筑行业对官式建筑一种习惯上的区分，在中国古代建筑中，凡是平面投影为长方形，屋顶为硬山、悬山、庑殿或歇山做法的砖木结构建筑叫'正式建筑'。其他形式的建筑统称为'杂式建筑'。正式建筑是官式建筑的主体……杂式建筑是正式建筑的一种补充。"

② （梁）萧统编，（唐）李善注：《文选》，上海古籍出版社1986年版，第594页，谢惠连《雪赋》："初便娟于墀庑，末萦盈于帷席。"李善注："便娟、萦盈，雪回委之貌。《楚辞》曰：婵娟修竹。王逸曰：婵娟，好貌。《说文》曰：庑，堂下周屋也。《释名》曰：大屋曰庑。"

③ （汉）许慎撰：《说文解字》，中华书局1963年版，第287页。

④ 张克群：《北京古建筑物语.一，红墙黄瓦》，化学工业出版社2017年版，第60页。

的伸歇之势，清人因此称之为"歇山顶"。"歇山顶"也是清式叫法，在房屋建筑等级上，歇山顶仅次于庑殿顶。

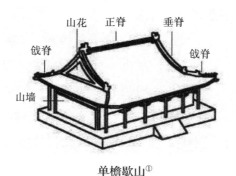

单檐歇山[①]

**悬山** 五脊，两面坡。它不仅将前后屋檐伸出，两侧屋檐也悬在山墙外，形成四面悬出（挑出）的式样，故名"悬山顶"，又称"挑山顶"。规格较低。

悬山屋顶[②]

**硬山** 形制与悬山基本相近。特点：屋顶不挑出山墙，与山墙基本齐平。硬山建筑风格简朴，规格很低。硬山的檩条不是架在梁上，而是直接搁在山墙上，做法简单生硬，缺少其他建筑所拥有的工艺，因此称之为"硬山"。

---

① 张克群：《北京古建筑物语.一，红墙黄瓦》，化学工业出版社2017年版，第60页。笔者作了标注。

② 王其钧主编：《中国建筑图解词典》，机械工业出版社2007年版，第1页。

硬山屋顶①

**攒尖** 攒，聚拢。攒尖顶屋面向中心聚拢成尖形，无正脊，垂脊可
有可无。中心尖顶谓之宝顶。园林中的亭子大多为攒尖顶。与攒尖顶相
似的屋顶是盝顶。二者的区别在于：攒尖顶屋面曲线下凹，盝顶屋面曲
线上凸。攒山顶属于杂式建筑。

攒尖顶                          盝顶②

屋顶形制是房舍的重要等级标志。"凡宫室之制，自天子至于士庶，
各有等差。"③不遵守"等差"，就是"越制"，将受到严惩。

庑殿顶等级最高，只有皇家宫殿以及某些庙宇、陵寝才可使用。宋
代之前，五品以上官员，宅第可用歇山顶。六品以下官员及庶民，最高
等级只能用悬山顶。明代以后，硬山顶兴起，但等级最低。庶民与六品

屋
有
三
分

---

① 王其钧主编：《中国建筑图解词典》，机械工业出版社2007年版，第1页。

② 李剑平编著：《中国古建筑名词辞典》，山西科学技术出版社2011年版，第56页。

③ （唐）张九龄等原著，袁文兴、潘寅生主编：《唐六典全译》，甘肃人民出版社1997
年版，第594页。

以下官员，可用悬山顶与硬山顶。

无论是正式建筑还是杂式建筑，古代单体建筑有着多种样式。刘敦桢主编的《中国古代建筑史》（第二版）列出了单体建筑21种样式，兹整理如下[①]：

重檐、庑殿、歇山、悬山、硬山、单坡、平顶、藏族平顶、囤顶、毡包式圆顶、拱顶、卷棚、扇面、风火山墙、穹窿顶、盝顶、圆攒尖、盉顶、三角攒尖、四角攒尖、八角攒尖。

中国古代正式建筑中常见屋顶等级序列表[②]：

| 屋顶登记 | 一 | 二 | 三 | 四 | 五 | 六 | 七 | 八 | 九 |
|---|---|---|---|---|---|---|---|---|---|
| 庑殿 | 重檐庑殿 | | 单檐庑殿 | | | | | | |
| 歇山 | | 重檐歇山 | | 单檐歇山 | 卷棚歇山 | | | | |
| 悬山 | | | | | | 起脊悬山 | 卷棚悬山 | | |
| 硬山 | | | | | | | | 起脊硬山 | 卷棚硬山 |

---

① 刘敦桢主编：《中国古代建筑史》（第二版），中国建筑工业出版社1984年版，第15页。

② 王晓华主编：《中国古建筑构造技术》（第2版），化学工业出版社2019年版，第266页。

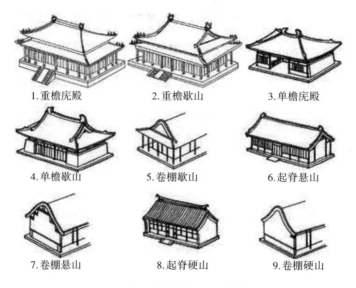

1. 重檐庑殿　　2. 重檐歇山　　3. 单檐庑殿
4. 单檐歇山　　5. 卷棚歇山　　6. 起脊悬山
7. 卷棚悬山　　8. 起脊硬山　　9. 卷棚硬山

正式建筑屋顶等级序列图[①]

# 上分　曲面屋顶

中国古代建筑的木构架体系，在汉代已经形成，其特点、风格以及工艺要求在宫庙上得以体现。从现存的宫殿庙宇来看，带给人以第一视觉美感的地方往往就是其曲面屋顶与飞檐。

19世纪英国建筑学家詹姆斯·弗格森（James Fergusson）认为中国建筑"极其不合理""毫无观赏价值"，遭到日本著名建筑家伊东忠太（1867—1954）的批驳：

> 所谓建筑不合理，弗格森指的是屋顶轮廓由曲线构成，特别是指反翘度很大的房檐。按照欧美人的见解，建筑物的房顶应该都是直线型的，用了曲线就是不合理。这种见解完全是一种谬误。世上没有建筑物的屋顶一定要用直线型的道理。中国人眼里的欧美建筑

---

① 王晓华主编：《中国古建筑构造技术》（第2版），化学工业出版社2019年版，第267页。次序为笔者编排。

也会是不合理的。总之，弗格森视本国建筑为合理，并以此为标准来衡量他国建筑，这和用本国的语法来约束他国语言从而判定他国语言是错误的做法是一样的。①

已如常人所知，中国建筑的屋顶……斜面成凹曲线，房檐不呈水平，左右两端上翘。屋顶轮廓由曲线构成，小型建筑基本上是水平线，大型建筑则一定是自两端处反翘。当然一般民宅也有直线屋顶，但是高级宅第、庙祠宫殿等无一例外都是曲线。这可谓是世界奇观。②

20世纪初，德国建筑师恩斯特·伯施曼（又译作"鲍希曼"或"柏石曼"，Ernst Boerschmann，1873—1949）耗时3年，穿越中国十几个省区，从专业角度对中国建筑进行了广泛的考察与研究。他说：

最著名、给人印象最深刻的中国建筑艺术的主体是屋顶的面和线条的弧度。它赋予了建筑生命并且有着明显的艺术造型的意图。这一点在简单的建筑中几乎看不出来，但在一些重要的宗教和官式建筑中，在中国的中部和南部，这个高贵的造型登峰造极。促使中国建筑如此发展，使屋顶上的线条和平面成为弧形的，可能有技术和历史上的原因，无论如何，可以肯定的是，那些丰富而柔和的平面和线条与周围自然的轮廓，与树、山，甚至与天空和云彩非常好地相互结合，而僵硬的直线条就做不到这一点。人们在一切主题中重复着人与自然的和谐，人们也在内心深处追求着这种和谐。这至今仍然是中国建筑艺术最引人注目的特征。③

---

① ［日］伊东忠太著，廖伊庄译：《中国建筑史》，中国画报出版社2017年版，第5页。
② ［日］伊东忠太著，廖伊庄译：《中国建筑史》，中国画报出版社2017年版，第25页。
③ ［德］恩斯特·伯施曼著，段芸译：《中国的建筑与景观（1906—1909年）》，中国建筑工业出版社2010年版，前言第10页。

曲面屋顶，是通过"举折"①的方法实现的。举折可以使屋面呈斜线或曲线状态。战国时，已有屋面呈现出坡度。举折做法，一曰出现于战国，一曰出现于西汉。从汉画像石上看，汉代的屋面大多还是直线型的。至迟在南北朝时，凹曲屋面便已兴起。"凹曲屋面的流行，以至成为重要建筑物的标准式样，大约是从南北朝晚期或隋代统一后开始的。"②关于曲面屋顶的起源，建筑学界迄今仍未有统一的观点。最早的猜想联系到帐篷，后来又有人联系到杉树枝条形状，再后来出现了实用功能说，等等。各个角度的阐述分别涉及外来影响、功能结构、因材施工、审美驱动……很难一锤定音。

举折示意图③

曲面屋顶有利于排水，吐水疾远，对台基和立柱有保护作用。从审美上看，略呈凹曲的屋顶与自然界的万千形状相映成趣。人类的创造与环境相融合，不抵触，不抗争。木构建筑没有向高处挺拔，强势扩张，而是横向铺开，平稳端庄而又内敛。古建筑特有的大屋顶，会传递出一种宁静祥和之感。舒缓的曲线，消弭了屋顶的沉重压抑，给人以轻逸优美的享受。汉民族协调万物取法自然的和谐文化心理，在这里得到了充分体现。可以说，"屋顶曲线是中国建筑最特殊而且最美的特征"④。

① 举折是使屋顶生成坡度的做法，清代又称"举架"。
② 杨鸿勋：《杨鸿勋建筑考古学论文集·增订版》，清华大学出版社2008年版，第625页。
③ 嘉禾编著：《中国建筑分类图典》，化学工业出版社2008年版，第39页。李诫《营造法式》称"举折"，清工部允礼等撰《工程做法则例》称"举架"，姚承祖《营造法原》称"提栈"。
④ ［英］李约瑟原著，［英］罗南（Ronan，C.A.）改编，上海交通大学科学史系译：《中华科学文明史·第5卷》，上海人民出版社2003年版，第66页。

屋有三分

1922年的紫禁城太和殿①

## 上分　飞檐

中国古代宫室还有一处抢眼的地方，那就是屋角起翘的飞檐。之所以抢眼，是因其独特的造型，悦目赏心。

20世纪初期，德国建筑师恩斯特·柏石曼拍摄了一张湖南衡山南岳庙正殿照片，屋角飞檐高高翘起：

湖南衡山南岳庙正殿照片②

飞檐是房角屋檐伸出并反曲上翘的部分。

---

① [瑞典]喜仁龙著，沈弘、聂书江编译：《遗失在西方的中国史：老北京皇城写真全图》，广东人民出版社2017年版，第66页。

② [德]恩斯特·柏石曼著，徐原、赵省伟编译：《一个德国建筑师眼中的中国：1906—1909》，台海出版社2017年版，第230页。

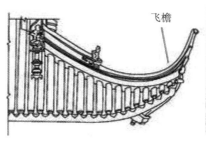

飞檐①　　　　　　汉画像石中的房屋建筑(局部)②

　　飞檐到底始于何时，因无实物证明，迄今仍无定论。由于几乎没有关于宋代以前飞檐结构形制的文献资料，研究者只能从一些出土文物（大多为明器）以及画像（壁画、画像石等）上寻找线索。

　　《诗·小雅·斯干》有两句诗："如鸟斯革，如翚斯飞。"说栋宇的人字坡顶，状如飞鸟展翅。至汉代，房屋檐角出现了"反宇"现象，东汉时檐角于是有了两种类型：平直与反宇。平直，檐角直线伸出；反宇，檐角反曲上翘。反宇的檐角，被称为"飞檐"。

　　汉画像石中反宇的檐角，并不少见，说明东汉时的檐角反宇不是个例。

　　从画像石上看，起翘的檐角下部呈直角形，而不是弧形。这时的角翘，还纯粹是一种装饰，与后来定型的飞檐相比，在形制与做法上都有着根本区别。

　　所谓反宇，即屋宇檐角反曲向上。反，反曲。宇，屋檐。东汉张衡《西京赋》写道："反宇业业，飞檐巘巘。"注曰："凡屋宇皆垂下向，而好大屋飞边头瓦皆更微使反上，其形业业然。檐，板承落也。巘巘，高貌。"③东汉班固《西都赋》云："上反宇以盖戴，激日景而纳光。"注

---

　　① 李剑平编著：《中国古建筑名词辞典》，山西科学技术出版社2011年版，第99页。发戗谓檐角起翘。笔者添加了"飞檐"标注。

　　② 中国画像石全集编辑委员会编：《中国画像石全集(4)》，山东美术出版社、河南美术出版社2000年版，第85页。

　　③ (梁)萧统编，(唐)李善注：《文选》，上海古籍出版社1986年版，第58页。按，巘，音niè。

曰："《小雅》曰:'盖戴，覆也。'反宇谓飞檐上反也。激日谓日影激入于殿内也。"[1]南北朝时，在飞檐翼角处巧妙地使用了角梁。角梁是生成翼角曲线的必要条件[2]。唐代时，飞檐做法基本成熟。至宋代，《营造法式》对飞檐做法给出规范，飞檐于是盛行，逐渐成为中国古代建筑最为亮眼的造型标志。

反宇做法，形成了飞檐。檐角的起翘减少了对阳光的遮蔽，有利于室内的采光。视觉上，飞檐成为屋脊曲线的自然顺延，是《诗经》中"如鸟斯革，如翚斯飞"意象的进一步发展。宋以后的飞檐，确实如鸟翼然，轮廓优美，姿态灵动。伴随着时光流逝，飞檐一次又一次唤醒了人们对建筑之美的感知，飞檐是建筑思想的结晶，是中国古代建筑史上一个美的凝结。

关于反宇的出现，有着各种猜想。笔者认为，为了解决檐角的遮光问题，直角形的反曲逐步进化为弧形角翘，与屋脊的曲线融合无间，是一种实用理性以及工艺的发展，与图腾崇拜、敬天思想、车盖模仿等并无关系，"需求"是发展变化的动因。

宋代以后，由于工艺、审美、文化、习俗的差异，飞檐在北方与南方有了不同的形态。北方的飞檐，特别是一些官式建筑，飞檐反翘的幅度不大，整体比较舒缓，无扭曲感，较为庄重。而南方一些地区的民间建筑，飞檐反翘幅度大，形成卷曲之势，形体夸张。下面两幅图，可以清楚地看出南北方飞檐的不同:

---

① (宋)范晔撰，(唐)李贤等注:《后汉书·班彪列传第三十上》，中华书局1965年版，第1342页。

② 梁用在转角处，可与其他构件形成角度，故名"角梁"。东汉时已有角梁。宋代称之为"阳马"。飞檐的成型，与斗拱也有很大关系。此处不再叙述。

北方官式建筑：故宫太和门（重檐歇山顶）①

南方民间建筑：四川自贡盐业博物馆（三重檐盔顶）②

中国古代文人在其作品中，喜欢将周边环境作为抒情的空间基础。建筑是环境的组合部分，而曲面屋顶与飞檐早就成为建筑审美的焦点。

在宋代诗人的笔下，飞檐成为环境渲染中的一环：

> 飞檐危槛出林端，王屋嵩丘咫尺间。
>
> 独爱高明游佛阁，岂知忧喜满尘寰。
>
> ——司马光《和邵尧夫秋霁登石阁》（节录）③

---

① 宋文编著：《中国传统建筑图鉴》，东方出版社 2010 年版，第 40 页。

② ［德］恩斯特·柏石曼著，徐原、赵省伟编译：《一个德国建筑师眼中的中国：1906—1909》，台海出版社 2017 年版，第 197 页。

③ 北京大学古文献研究所编：《全宋诗》第 9 册，北京大学出版社 1992 年版，第6177 页。

飞檐出风雨，洒翰落虹蜺。

投老黄尘陌，东看路恐迷。

——王安石《静照堂》（节录）①

飞檐临古道，高榜劝游人。

未即令公隐，聊须濯路尘。

——苏轼《南溪有会景亭，处众亭之间，无所见，甚不称其名。予欲迁之少西，临断岸，西向可以远望，而力未暇，特为制名曰招隐。仍为诗以告来者，庶几迁之》②

中国著名的建筑学家林徽因说：

最庄严美丽，迥然殊异于他系建筑，为中国建筑博得最大荣誉的，自是屋顶部分。

历来被视为极特异极神秘之中国屋顶曲线，其实只是结构上直率自然的结果，并没有甚么超出力学原则以外和矫揉造作之处，同时在实用及美观上皆异常的成功。这种屋顶全部的曲线及轮廓，上部巍然高耸，檐部如翼轻展，使本来极无趣，极笨拙的实际部分，成为整个建筑物美丽的冠冕，是别系建筑所没有的特征。③

## 中分　立柱与斗拱

木构架建筑的承重部件，是立柱。墙仅起围护作用，不承受屋顶重量。

① 北京大学古文献研究所编：《全宋诗》第10册，北京大学出版社1992年版，第6580页。

② 北京大学古文献研究所编：《全宋诗》第14册，北京大学出版社1993年版，第9124页。

③ 梁思成：《梁思成全集.第六卷》，中国建筑工业出版社2001年版，第13、21页。绪论部分由林徽因撰写。

立柱图①

柱，又叫楹。《说文》："柱，楹也。"②屋檐下最外的一排立柱就是"檐柱"，也叫"外柱"，承托檐部重量。檐柱以内，不在脊檩下的立柱，称为"金柱"，"金柱"又称"老檐柱"，承载大梁、屋顶重量，因此一般比檐柱要粗。靠外的金柱，叫"外金柱"，靠里的金柱，叫"内金柱"。拐角处的立柱叫"角柱"。此外，还有中柱、山柱、童柱以及一些其他名称的柱。

柱多采用木料。木料易腐蚀，怕火、怕水、怕潮湿、怕白蚁，因此，官式建筑对木料质地有着较高的要求。

最理想的木材，是楠木。楠木长于深山老林，高至20多米，直径可达2米，树干笔直，且质地坚硬，耐腐蚀，有香气，防虫蛀，不易变形。故宫一些殿就使用了楠木，北京太庙也用的是楠木。故宫太和殿最初也是以楠木为柱，后因被焚重建，求楠木未果，才改用了东北松木。

太和殿的金柱是垂直的，但檐柱和角柱的顶端却略微向内倾斜。这种做法称为"侧脚"，在承重与抗震方面可发挥极大的作用。

柱子的底端是柱脚。承托柱脚的石墩，宋以前称为"礩"，宋代称为"柱础"，清代称为"柱顶石"，俗称"柱脚石"。柱础上部中央位置，一般凿有凹孔，圆孔称为"柱窝"，方孔称为"海眼"。柱脚作榫头，称作"管脚榫"（又称"柱根榫"）。也有不少柱础不凿孔，纯平面，柱脚

屋有三分

---

① 王其钧主编：《中国建筑图解词典》，机械工业出版社2007年版，第43页。笔者作了标注。

② （汉）许慎撰：《说文解字》，中华书局1963年版，第120页。

亦无榫头，柱脚与柱础的连接为浮摆式平面接触，靠重量压牢。宋代《营造法式》与清代《工程做法则例》对柱础尺寸都有着具体规定。

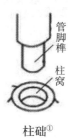

柱础①

柱础多半埋入地下，少部分露出地面。支撑柱础的构件，叫"承础石"，又称"磉石""磉墩"，是柱础的基础，一般用整砖砌成（也有用石材的），用来防止柱体下陷。下图为清式做法：

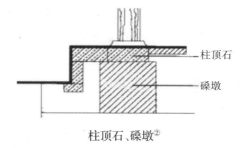

柱顶石、磉墩②

柱础有多种样式③：

故宫古镜柱础　　　　　　泰山鼓形柱础

① 李剑平编著：《中国古建筑名词辞典》，山西科学技术出版社2011年版，第47页。笔者作了标注。

② 李剑平编著：《中国古建筑名词辞典》，山西科学技术出版社2011年版，第218页。

③ 四张柱础图片，取自鲁杰、鲁辉、鲁宁：《中国传统建筑艺术大观（柱础卷）》，四川人民出版社2000年版，第89、105、82、141页。

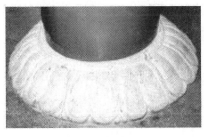 

武汉黄鹤楼覆莲柱础　　　　　　　嵩山少林寺复合柱础

战国时期，有石质柱础，也有铜质柱础。到了汉代，已通行石质柱础。柱础的使用，使立柱更加稳固，柱脚也可免遭碰损与腐蚀。

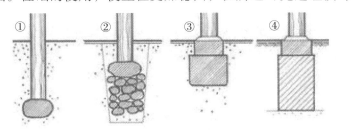

① 商
② 西周
③ 汉唐
④ 明清

立柱、柱础的历史变化①

在屋檐与立柱之间，有一个特殊的部件：斗拱。

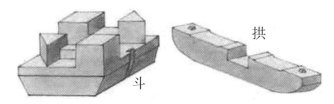

拱

斗

未组合的斗、拱②

屋有三分

---

① 侯幼彬撰文，张振光等摄影：《台基》，中国建筑工业出版社2013年版，第21页。笔者作了标注。

② 王其钧主编：《中国建筑图解词典》，机械工业出版社2006年版，第95页。

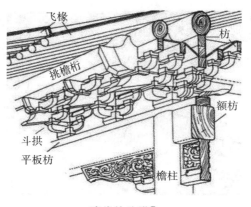

飞椽　枋　挑檐桁　额枋　斗拱　平板枋　檐柱

清代的斗拱①

斗拱将上部的重力传递给下面的立柱，实现了荷载过渡。斗拱制作工艺复杂，种类繁多。通过层层铺作的方法，斗拱托起屋檐，使屋檐出挑更远，有效地减少了雨水对檐柱的侵蚀。斗拱的形制有着等级上的规定，只有在高级建筑中才能使用斗拱，民舍不得擅自使用（除非得到特别批准）。至清代，斗拱沦为装饰部件。

人类居室的安全是建筑必须重视的问题。在抵御地震灾难方面，斗拱发挥了特殊的平衡稳定作用，是抵御地震的关键部件。谈及地震，需要了解一些地震方面的知识：

衡量地震大小的等级称为震级，它是由地震释放出能量的大小决定的。震级越大，放出能量越大，影响越大。一般说小于2级的地震称微震，人们感觉不到；2～4级称为有感地震；5级以上称破坏性地震，会对建筑物造成不同程度的破坏；7～8级称为强烈地震或大地震；超过8级的地震称为特大地震。2004年12月在印尼发生的引发海啸的地震为9级。我国1975年2月在辽南发生的地震是7.3级，1976年7月在唐山发生的地震是7.8级。

地震烈度是指某一地区地面和各类建筑物遭受一次地震影响的

① 雷冬霞编著：《中国古典建筑图释》，同济大学出版社2015年版，第36页。笔者作了标注。

强烈程度。地震烈度不仅与震级大小有关。而且与震源深度，震中距、地质条件等因素有关。一次地震只有一个震级，然而同一次地震却有好多个烈度区。一般来说，离震中越近，烈度越高。我国地震烈度采用十二度划分法。简单地说，一至三度人一般无感觉，只有地震仪才能测出来；从四度起，人就有感觉，挂灯摇晃，五度时不稳定器物翻倒；六度时建筑物可能出现损坏；七度时一般砖石房屋大多数有轻微损坏；八至九度时大多数房屋损坏、破坏，少数房屋倾倒；十度时许多房屋倾倒；十一、十二度时房屋普遍毁坏。

震级和烈度，有时人们容易把它们混同，为了说明两者的关系，可以用炸弹作比喻，震级好比炸弹的装药量，烈度好比炸弹爆炸后的破坏力。每次地震震级只有一个，而烈度就有好几个，从一度起，到震中最高烈度止。这如同一个炸弹的装药量是一定的，但爆炸后随距离的远近其破坏程度就不一样。震中处烈度最高，称为震中烈度。①

下面是中国地震烈度表：

GB/T 17742—2020 中国地震烈度表②

| 地震烈度 | 房屋震害 | | 人的感觉 | 其他震害现象 |
|---|---|---|---|---|
| | 类型 | 震害程度 | | |
| 1 | | | 无感 | |
| 2 | | | 室内个别静止中的人有感觉，个别较高楼层中的人有感觉 | |
| 3 | | 门、窗轻微作响 | 室内少数静止中的人有感觉，少数较高楼层中的人有明显感觉 | |

① 龚伟主编：《建筑结构》(第2版),高等教育出版社2006年版,第296页。
② 根据《中华人民共和国国家标准 GB/T 17742—2020 中国地震烈度表》改绘。表中A1~D,代表房屋类型:A1类,未经抗震设防的土木、砖木、石木等房屋;A2类,穿斗木构架房屋;B类,未经抗震设防的砖混结构房屋;C类,按照7度抗震设防的砖混结构房屋;D类,按照7度抗震设防的钢筋混凝土框架结构房屋。

屋有三分

| 地震烈度 | 房屋震害 | | 人的感觉 | 其他震害现象 |
|---|---|---|---|---|
| | 类型 | 震害程度 | | |
| 4 | | 门、窗作响 | 室内多数人、室外少数人有感觉,少数人睡梦中惊醒 | |
| 5 | | 门窗、屋顶、屋架颤动作响,灰土掉落,个别房屋墙体抹灰出现细微裂缝,个别老旧A1类或A2类房屋墙体出现轻微裂缝或原有裂缝扩展,个别屋顶烟囱掉砖,个别檐瓦掉落 | 室内绝大多数、室外多数人有感觉,多数人睡梦中惊醒,少数人惊逃户外 | |
| 6 | A1 | 少数轻微破坏和中等破坏,多数基本完好 | 多数人站立不稳,多数人惊逃户外 | 河岸和松软土地出现裂缝,饱和砂层出现喷砂冒水;个别独立砖烟囱轻度裂缝 |
| | A2 | 少数轻微破坏和中等破坏,大多数基本完好 | | |
| | B | 少数轻微破坏和中等破坏,大多数基本完好 | | |
| | C | 少数或个别轻微破坏,绝大多数基本完好 | | |
| | D | 少数或个别轻微破坏,绝大多数基本完好 | | |
| 7 | A1 | 少数严重破坏和毁坏,多数中等破坏和轻微破坏 | 大多数人惊逃户外,骑自行车的人有感觉,行驶中的汽车驾乘人员有感觉 | 河岸出现塌方,饱和砂层常见喷水冒砂,松软土地上地裂缝较多;大多数独立砖烟囱中等破坏 |
| | A2 | 少数中等破坏,多数轻微破坏和基本完好 | | |
| | B | 少数中等破坏,多数轻微破坏和基本完好 | | |
| | C | 少数轻微破坏和中等破坏,多数基本完好 | | |
| | D | 少数轻微破坏和中等破坏,大多数基本完好 | | |
| 8 | A1 | 少数毁坏,多数中等破坏和严重破坏 | 多数人摇晃颠簸,行走困难 | 干硬土地上出现裂缝,饱和砂层绝大多数喷砂冒水;大多数独立砖烟囱严重破坏 |
| | A2 | 少数严重破坏,多数中等破坏和轻微破坏 | | |
| | B | 少数严重破坏和毁坏,多数中等和轻微破坏 | | |

| 地震烈度 | 房屋震害 | | 人的感觉 | 其他震害现象 |
|---|---|---|---|---|
| | 类型 | 震害程度 | | |
| 8 | C | 少数中等破坏和严重破坏,多数轻微破坏和基本完好 | | |
| | D | 少数中等破坏,多数轻微破坏和基本完好 | | |
| 9 | A1 | 大多数毁坏和严重破坏 | 行动的人摔倒 | 干硬土地上多处出现裂缝,可见基岩裂缝、错动,滑坡、塌方常见;独立砖烟囱多数倒塌 |
| | A2 | 少数毁坏,多数严重破坏和中等破坏 | | |
| | B | 少数毁坏,多数严重破坏和中等破坏 | | |
| | C | 多数严重破坏和中等破坏,少数轻微破坏 | | |
| | D | 少数严重破坏,多数中等破坏和轻微破坏 | | |
| 10 | A1 | 绝大多数毁坏 | 骑自行车的人会摔倒,处不稳状态的人会摔离原地,有抛起感 | 山崩和地震断裂出现;大多数独立烟囱从根部破坏或倒毁 |
| | A2 | 大多数毁坏 | | |
| | B | 大多数毁坏 | | |
| | C | 大多数严重破坏和毁坏 | | |
| | D | 大多数严重破坏和毁坏 | | |
| 11 | A1 | 绝大多数毁坏 | | 地震断裂延续很大;大量山崩滑坡 |
| | A2 | | | |
| | B | | | |
| | C | | | |
| | D | | | |
| 12 | 各类 | 几乎全部毁坏 | | 地面剧烈变化,山河改观 |

天津市蓟州区独乐寺观音阁,是独乐寺中的主体建筑,始建于唐,后于辽代统和二年（984年）重建。此后,历经地震28次,其中强震四次（三次达到8级）。最严重的一次发生在清康熙十八年七月二十八日（1679年9月2日）,震级8级,烈度11度,震中在三河、平谷一带。蓟

县距三河、平谷也就三四十公里。据清康熙四十三年刊本《蓟州志》卷一载：

> （康熙）十八年己未七月二十八日巳时地大震有声，遍于空中，地内声响如奔车，如急雷，天昏地暗。房屋倒塌无数，压死人畜甚多。地裂深沟，缝涌黑水甚臭。日夜之间频震，人不敢家居。[1]

景象之惨，令人惊骇。遭遇如此罕见的地震灾害，观音阁的墙被震裂，但整体却岿然不动：官廨民舍无一存，阁独不圮。[2]

独乐寺观音阁外景[3]

1976年7月28日，唐山发生7.8级地震，震中烈度11度。距唐山百余公里的独乐寺，再次受到影响。独乐寺山门檐柱的侧脚变成了垂直状，观音阁周围房屋坍塌，阁内观音像胸部铁条被拉断，观音阁整个木构架却仍安然无恙。

观音阁遇强震而不圮，并不是木构架建筑中的孤例。北京故宫、天

---

[1] 谢毓寿、蔡美彪主编：《中国地震历史资料汇编·第三卷（上）》，科学出版社1987年版，第307页。

[2] （清）王士祯《居易录》，《文渊阁四库全书·子部》第869册，第312页。

[3] 徐怡涛编著：《全彩中国建筑艺术史》，宁夏人民出版社2002年版，第118页。

坛、十三陵以及颐和园的一些建筑，虽也历经多次地震，但都未伤筋动骨地保存了下来。

1976年大地震后的观音阁①

独乐寺观音阁之所以遭遇强震而依然能够保有原样，主要得益于榫卯结构的拉伸挤压消耗了地震能量，柱脚的滑移摩擦也起到减震作用，而斗拱则像层层叠架的簧片，逐层衰减了地震力的冲击。可以说：

从技术的角度看，斗拱由若干木块组合而成，屋顶又由若干斗拱支承着。以静力学的观点来看，斗拱将承受屋顶的荷载沿60°向下传递到梁、柱上。就动力学而言，如果屋顶的荷载有时既出现垂直传递而又遇到水平方向的推力（如地震），斗拱纵横重叠的结构即能承受这种水平方向的推力。待水平方向推力停止时，斗拱就靠自身的木材弹性模量功能，还原斗拱本来的位置。这样，当建筑受到地震影响时，不管屋顶向何方推移，斗拱均可承受，避免建筑物因地震而倒塌。历史上北京曾发生过不同程度的地震，故宫太和殿的屋顶达两千多吨重，却未曾受到损坏；四川平武报恩寺殿堂上的屋顶，在平武大地震时也安然无恙。也就是说作为传力构件的斗拱具有抗震功能。斗拱以它吉祥的内涵和抗震的功能独步于世界建筑

① 陈明达：《蓟县独乐寺》，天津大学出版社2007年版，第89页。

之林。①

"斗拱"也常被写作"斗栱""枓栱"。由于木构架殿堂的墙并不承重，重量由立柱负荷，所以遭遇地震则"墙倒屋不塌"。事实上，即使没有斗拱，木构房舍的防震性能也比用墙来承重的建筑要好许多。1996年2月3日，云南丽江发生7级地震，烈度达9～10度。许多新建的钢筋混凝土大楼倒塌，而丽江古城区一些梁柱结构的老房子，虽亦有损坏（墙倒塌），但构架依旧。国外的一个例子：

2005年3月28日，一场里氏8.5级的强烈地震过后，印度尼西亚尼亚斯岛上数千幢民房遭到损毁，砖石结构的房屋更是损失惨重。然而，在一个叫做图莫里的小村庄中，大约220幢80岁以上"高龄"的木房子却奇迹般地屹立不倒。居住在这个村子里的村民，强震袭来时无一人伤亡。与之相比，一幢建造才6年的砖混结构的新房子早已变成了一堆瓦砾。尽管老房子也曾跟着摇晃，却几乎没有受到损伤。强震过后，人们仍可在这些房子里正常居住。令人拍案叫绝的是，这些房子在建造时，没有使用一根钉子。这种典型的木房子长约20米，宽约10米，建筑在约0.5米厚的十字形支柱上。②

木构架凭借其独特的受力性能，早已成为中国古代建筑的骄傲。

## 中分 墙

夏季夜晚，北京的什刹海景色宜人，漫步于此，可以看到小胡同中

① 鲁杰、鲁辉、鲁宁：《中国传统建筑艺术大观（斗栱卷）》，四川人民出版社2000年版，第7页。

② 振宇：《抗震的古建筑》，《民防苑》2007年第2期，第45页。

有很多的四合院。常年在高楼大厦之间穿梭的人，来到这里，会迎来久违的宁静与安逸。不必进入四合院，只需沿着墙根走，就会有别样感觉。

明代保留下来的四合院，如今在北京已很难见到了。现在一些四合院，有不少是清代与民国时期的建筑。四合院有一个共同的特点：不在两侧和后面的墙上对外开窗。

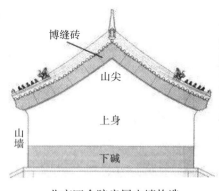

北京四合院房屋山墙构造

北京四合院房屋后檐墙①

房屋两侧的墙体，状如"山"字形，故称山墙。山墙一般用砖砌筑。中国的砖很早便已产生，战国末期，砖已被作为建筑材料。秦汉时，砖的烧制工艺已非常成熟。一直到唐宋，砖被用在桥梁、城墙、墓室、塔、墁地等诸多方面，唯独很少在居室砌墙上使用。元代以后，人们开始用砖砌墙。至明代，砖墙盛行。在此之前，居室墙一直是土墙：夯筑墙或土坯墙。

现代人可能会认为，土墙落后而质差，其实不然：

筑墙需用湿土夯筑。古人有"蒸土筑城"的方法。在陕西省横山县西北方向50里，有西夏统万城。据文献记载，此城为蒸土筑城。蒸土筑城是将泥土焖入水中，在阳光下曝晒，成为泥浆，如果

① 贾珺：《北京四合院》，清华大学出版社2009年版，第54、55页。笔者在标注上有改动。

屋有三分

在北方则烧热水拌土，然后以半干的湿土夯筑，使墙体粘结成一个整体，犹如砖坯。统万城距今已有一千五百多年的历史，城墙土质依然坚硬，用铁镐也刨不下来，可谓固若金汤。①

今浙江农村中就有夯土墙为屋基的做法，夯土墙能防洪水、防盗贼，坚硬无比，为青砖墙所不及……

墙壁的粉墙工艺，又有黄灰和白灰的区别，有用碎稻草和泥，有用石灰。黄灰是在石灰中和草纸作筋，此为粗灰，类似于打底。白灰以石灰和锦纸，粉成以后再用石灰水刷外墙。干透以后再打磨，其墙壁光滑如镜。《营造法原》曰："苏地外墙，其上蜡发光之法……称为罩亮。"

这种墙面刷煤灰水上蜡磨光的传统手法，见于苏州江南老屋最多，在苏州水乡古镇民居山墙上至今尚有镜面墙。②

扬州南河下卢姓盐商造屋，以白矾石作墙脚，以糯米汁灌浆砌屋，以楠木为梁柱，虽经百年风雨加之水火灾害，其屋墙壁仍然不倒，可见其工艺精良。

明清两代，砖瓦产量增大，秦砖汉瓦成为天下砌墙之公器。③

虽然制砖工艺在中国早已成熟，且实物证明早期的砖比起明清时期砖的质量毫不逊色，但早期建筑还是习惯大量使用土坯砌墙，直至明代以后这种习惯才有所改变，甚至直到今天，在一些地区仍能见到土墙作法。

…………

古建墙面还常采用抹灰作法。有趣的是，墙面抹灰既是普通民居的标示，又是宫殿、坛庙建筑礼制、等级的象征，而造成这两者巨大差别的往往仅在于颜色的区分……早期因采用土坯砌墙，因此墙上大多要抹泥灰，无论建筑的等级如何采用的技术都只能如此，

① 尹文著，张锡昌摄影：《说墙》，山东画报出版社2005年版，第12页。
② 尹文著，张锡昌摄影：《说墙》，山东画报出版社2005年版，第108—109页。
③ 尹文著，张锡昌摄影：《说墙》，山东画报出版社2005年版，第111页。

而仅在涂饰的颜色上有所区分。明清时期，一方面确已随着材料工艺的改变出现了大量的砖墙形式，但另一方面，在一些重要的礼制建筑、寺庙和宫殿建筑中，仍常采用墙面抹红灰这一古老的做法。①

如此看来，土墙并不差，但土墙的抗水性以及施工效率还是远不及砖墙。下图是土墙的制作方法：

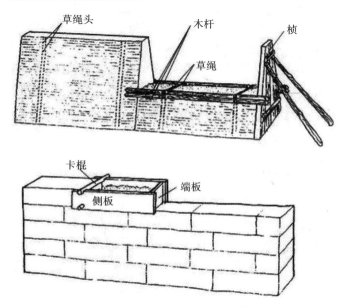

明代以前的夯筑与土坯制作②

砖的应用使砌筑更为方便。为了防风防火，人们把山墙砌高，一般高出屋面一米左右，称之为"风火墙"。风火墙有多种叫法，如"防火墙""屏风墙"等，又常写作"封火墙"③。风火墙多出现在南方，北方

① 刘大可：《中国古建筑瓦石营法》（第2版），中国建筑工业出版社2015年版，第59—60页。

② 王晓华主编：《中国古建筑构造技术》（第2版），化学工业出版社2019年版，第72页。

③ 汪晓东：《风火墙与封火墙名称辨正》，《装饰》2020年第5期。该文认为"封火墙"系"风火墙"的谐音讹误。

因房屋毗邻者较少，故不多见。

风火墙有多种样式。匠人们发挥想象，结合当地的审美心理以及文化习俗，在风火墙的样式上翻新花样。有的墙两边顶端如马头高昂，称为"马头墙"。马头墙若呈五阶层叠，又称"五岳朝天"。还有的墙如同平划的一字，就叫做"一字墙"。

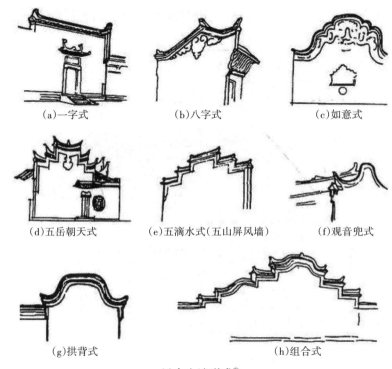

（a）一字式　　　　（b）八字式　　　　（c）如意式

（d）五岳朝天式　　（e）五滴水式（五山屏风墙）　　（f）观音兜式

（g）拱背式　　　　　　　　（h）组合式

风火山墙形式①

风火墙是硬山山墙的变异，其式样可自由组合。南方屋舍密集，风火墙起到了很好的防风阻火作用。

风火墙在空间的分隔上起着界标作用，它的装饰效果极易引发人的联想。屋宇因风火墙显得生动，同时也显现出活力。风火墙的形状使墙体构筑不再是板滞的砖块垒砌，它已成为古代建筑中的一个"意象"：

人们安居乐业、向往吉祥的心愿展露。带有地域特征的风火墙是中国建筑上的一道别样风采。

秦淮河畔风火墙[1]

　　去过南京秦淮河的游客，也许会想起朱自清的《桨声灯影里的秦淮河》，小船吱吱呀呀的声响，似乎还在朱自清的散文中回荡。唐人杜牧的"夜泊秦淮近酒家"[2]，也早已被掩埋于时光中。当歌谣与传说都已缄默的时候，只有建筑还在说话[3]。秦淮河畔的一堵堵风火山墙，一直在见证和记录着秦淮河上的故事，它们与时间对话，从未沉默。

屋有三分

────────

　　①《亲历者》编辑部编著：《寻找中国最美古建筑.江南》（第2版），中国铁道出版社2017年版，第43页。笔者剔除了原图上的文字说明。

　　②（唐）杜牧《泊秦淮》："烟笼寒水月笼沙，夜泊秦淮近酒家。商女不知亡国恨，隔江犹唱后庭花。"

　　③沈念驹主编，冯玉律、冯春、吴国璋译：《果戈理全集》第6卷，河北教育出版社2002年版，第54页："当歌谣和传说已经缄默下来时，当已经没有任何东西可以证明一个灭绝的民族曾经存在过时，建筑物却依然在说话。"

# 下分　台基

台基是建筑物的基础、基座。俗话说，盖房子要打地基，台基就是古建筑的地基。

台基在很早就得以应用。《礼记·礼器》说："天子之堂九尺，诸侯七尺，大夫五尺，士三尺。"[1]唐孔颖达认为："此九尺者，周法也。"所谓"堂九尺"，即堂基距地九尺，约合今制2.08米。到了清代，规定"公侯以下，三品官以上，房屋台阶高二尺。四品官以下至士民，房屋台阶高一尺。"[2]台基形制成为一种身份标志。

台基对建筑物有着诸多好处：

1.防止建筑物下沉塌陷，使建筑物更为稳固。

2.御潮防水。

3.减震。

4.建筑物上下配合更为美观。

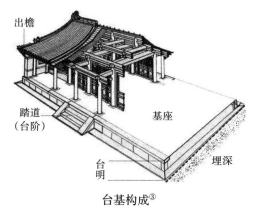

台基构成[3]

---

① (汉)郑玄注，(唐)孔颖达疏，龚抗云整理，王文锦审定：《礼记正义·礼器》，北京大学出版社2000年版，第851页。梁思成《中国建筑艺术图集·台基简说》认为此处"堂"即台基。关于"堂"的语义诠释以及古代筑台与台基的关系，尚需深入考辨。

②《钦定大清会典则例·营缮清吏司·府第》，《文渊阁四库全书》第624册，第40页。

③ 赵广超编著：《不只中国木建筑》，生活·读书·新知三联书店2006年版，第46页。标注为笔者添加。

台基有一部分埋入地下，埋入部分叫作"埋深""埋头"，地上露明部分称为"台明"。台明是基座的主体，并非单指基座上端的表面部分。台基由基座和踏道组成。如果台基很低，踏道（台阶）可以省去。

台基的边界一般限制在房屋的出檐内，即以房屋出檐滴水为界。屋顶淌水，落在台基外，可以保护柱脚免受侵蚀。

台基经常建在"台"上，台不属于"三分说"中的"下分"。台可有可无，其高低面积亦无规定。台可以没有，但台基不能省却。古代建筑的高台与台基结合紧密，一些高等级建筑往往建在台上。台上可以有单体建筑，也可以有群体建筑。高台使整个建筑更有气魄，还能更好地阻断屋内地面的返潮。

从形制上看，台基可分三种类型：普通台基、须弥座台基、复合台基。台也采用同样形制。

台基的中间用土（或掺砂石等）夯实，周边用砖石砌围，普通台基边沿大多为直线型。

四川成都文殊院普通台基①

北京雍和宫普通台基与月台②

屋有三分

---

① 鲁杰、鲁辉、鲁宁：《中国传统建筑艺术大观（台基卷）》，四川人民出版社2000年版，第29页。

② 鲁杰、鲁辉、鲁宁：《中国传统建筑艺术大观（台基卷）》，四川人民出版社2000年版，第56页。

须弥座与塔都是随佛教传入中国的，北魏时已有须弥座，造型简单。须弥座又称"金刚座""须弥坛"，原本为佛像基座，传入中国后，逐渐成为台基的高级形式，只有高等级建筑（如皇家宫殿、陵墓殿堂、佛寺庙宇等）才可使用。须弥座外形上最显著的特征是中间束腰，向内凹进，有砖作、石作两种。清式须弥座多为石作。

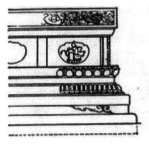 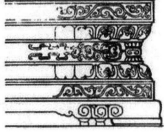

宋式须弥座　　　　　　清式须弥座①

故宫太和殿须弥座台基②

　　① 侯幼彬：《中国建筑美学》，中国建筑工业出版社2009年版，第42页。
　　② 周乾：《图说中国古建筑.故宫》，山东美术出版社2018年版，第17页。

北京颐和园内须弥座台①

普通台基与须弥座组合在一起，便构成复合台基：

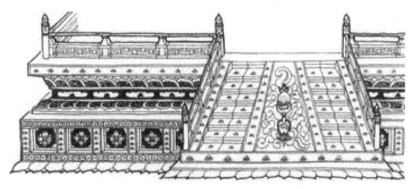

敦煌中唐第231窟台的须弥座（上）与普通基座（下）的组合②

皇家宫殿台或台基踏道的中间，往往有一条御道，又称"丹陛"。这种御道在唐初便已出现。御道采用石材，人称御路石，其表面呈浮雕形式，大多雕刻云龙山水等图案，是整个踏道的装饰重心。

---

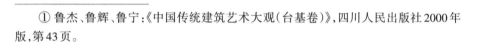

① 鲁杰、鲁辉、鲁宁：《中国传统建筑艺术大观（台基卷）》，四川人民出版社2000年版，第43页。

② 刘捷：《台基》，中国建筑工业出版社2009年版，第68页。

江苏苏州虎丘带御路台阶①

故宫保和殿后阶御路采用了整块石料，上雕九条蟠龙于云海之间。石料长 16.57 米，宽 3.07 米，厚 1.7 米，重达 250 吨②。明王朝役使民夫二万人，28 天历尽辛苦，才设法将其从房山运到故宫。

北京故宫保和殿后阶御路石③

---

① 鲁杰、鲁辉、鲁宁：《中国传统建筑艺术大观（台基卷）》，四川人民出版社 2000 年版，第 59 页。

② 保和殿后阶御路石俗称云龙阶石，其重量说法不一。刘锋《故宫导游：世界最大皇宫探秘》（旅游教育出版社 2002 年版，第 37 页）认为石料重 250 吨。王达人、王殿英《故宫大观》（重庆出版社 1987 年版，第 29—30 页）认为：云龙阶石采自北京房山大石窝，毛坯重 300 吨。明代雕刻后，重 239 吨。清乾隆二十五年（1760 年），高宗弘历下令凿去明代纹饰，重新加以雕刻。重雕后重 187 吨。

③ 侯幼彬撰文，张振光等摄影：《台基》，中国建筑工业出版社 2016 年版，第 70 页。

丹陛与宫殿相辉映，使整个建筑宏伟富丽。紫禁城内宫殿的高台与台基令人赞赏，而武当山金殿的须弥座台则令人称奇：

> 武当山金殿台基须弥座、月台须弥座、拦板望柱、台阶踏步、地面等，从内到外，从上到下是由多块巨石雕琢组合而成。层层平直如水，承上按下纹丝不动，错缝搭接合理；上下连接，榫卯排列有序；凹凸通体连贯，搭扣严密，环环相扣，相互依承；制作方法打破常规，以防单体移位；多个构件通体制作，用料厚重以求稳固，由上向下插件安装，丝丝紧扣意在拉结有力，永不脱离；纹饰自然，枭线流畅，地面平滑，达天人合一之效果；高矮有序，宽窄得体，长短适宜，为黄金分割法之杰作。后人无可挑剔；内外一致，用料考究，不用灰浆，古今未见；结构科学合理，工艺性强，艺术价值高，令世人惊叹；600年风雨寒暑，结构依然，坚不可摧，固若金汤，天下之奇；不按顺序，从任何方向想拆除一个构件是永远不可能的，这样的石作结构工艺，在全国目前发现的恐怕是唯一的一例。武当山金殿须弥座台基是明代工匠精心设计，精密计算，严格施工，一丝不苟的智慧结晶。其工艺水平代表我国十五世纪最先进的工艺技术，至今仍光辉独具。这是中华民族的国之瑰宝，是精美绝伦的石构艺术极品。[①]

① 王永成、芦华青：《武当山金殿的须弥座及台基》，《古建园林技术》2007年第3期，第28页。按，该文作者仍沿用习惯说法，台与台基未做区分。

武当山金殿须弥座台及拦板

须弥座上常雕刻莲瓣，以佛教圣物莲花来象征高雅圣洁与吉祥。这一形象自然会被文人捕捉，南朝梁刘孝仪就曾描绘须弥座：

宝铎夜响，银地朝鲜。檐栖迥雾，砌卷香莲。①

形容须弥座"砌卷香莲"，看到花瓣也就嗅到香气，雕刻艺术唤起了人的生活体验。就连看似单调的踏道台阶也能引发诗人的感叹，唐代李群玉在《经费拾遗所居呈封员外》中写道：

空余书带草，日日上阶长。②

书带草，即沿阶草。台阶草长，景象荒凉。

台基在宋代被称作"阶基"，明清时才叫作"台基"。台基的普及应用，特别是须弥座的传入，加上高台的配合，建筑物的体量得以扩大，整体形象更为美好。屋顶与台基以及台的立体构图，无不散发着中国古代建筑的艺术魅力。

---

① 《古今图书集成·博物汇编·神医典》，中华书局1934年，第499册，第9页。
② 《全唐诗》第17册，中华书局1980年版，第6590页。

# 三大殿

中国古建筑中，有三个高规格木构架大殿令世人瞩目：北京紫禁城太和殿、山东曲阜孔庙大成殿、山东泰山岱庙天贶殿。

## 紫禁城太和殿

明永乐十九年（1421年），明成祖朱棣正式从南京迁都北京。这时的皇家宫城尚无"紫禁城"称谓。直至明代中期（大约在嘉靖年间，1522—1566年），北京皇家宫城才被称为"紫禁城"[①]。《辞源》释"紫禁"："以紫微垣比喻帝居，故称禁中为紫禁。"[②]紫微垣，星座名，天帝所居。可知帝王所居之城为紫禁城。紫禁城为皇家禁地，百姓不得进入。1911年，辛亥革命推翻了清朝统治。1924年11月，清王朝末代皇帝溥仪搬出紫禁城。1925年，故宫博物院成立，紫禁城于是又名故宫。所谓故宫，指过去王朝的宫殿。

明、清两代，曾有24位皇帝（明代14位，清代10位）在紫禁城号令天下，紫禁城迄今已经历过六百多年的风云变幻。

---

① 李燮平：《"紫禁城"名称始于何时》，《紫禁城》1997年第4期。李新峰：《也谈明代紫禁城的名称演变》，《故宫学刊》2020年第1期。

② 广东、广西、湖南、河南辞源修订组、商务印书馆编辑部编：《辞源：建国60周年纪念版（全两册）》（修订本），商务印书馆2009年版，第2642页。

北京城有一条中轴线①。元代是先有轴线然后再进行都城建设的。北京的中轴线，北起钟鼓楼，南至永定门②，全长约7.8公里。紫禁城就位于轴线的中心段，而太和殿则处于紫禁城对角线的中心，亦即处于这条轴线的中心。

太和殿正面全景③

太和殿前的广场有三万多平方米，由青砖铺成，是紫禁城内最大的广场，同时也是世界建筑群内的最大广场④。广场开阔，无花草树木，可容数万人。阳光照射下，太和殿红墙黄瓦，金碧辉煌。

一些重大的典礼都在太和殿举行，如朝贺、出征、祝寿等。清朝有三个重大节日：春节、冬至节、万寿节（皇帝生日），届时会举行盛大庆典。皇帝来到太和殿，接受众臣朝贺并赐宴大臣，于是就有了当朝"国宴"。

名为皇上赐宴，实际还是"摊派"。朝廷根据官员级别（主要是皇

① 中国古籍中并未明确提到"轴线"一词，有学者认为"中轴线"概念由梁思成提出，详见李路珂：《北京城市中轴线的历史研究》，《城市规划》2003年第4期。

② 中国古代的文化习惯，体现在城市轴线上，自北发端，向南延展。详见李路珂：《北京城市中轴线的历史研究》，《城市规划》2003年第4期。

③ 于倬云主编：《故宫建筑图典》，紫禁城出版社2007年版，第50页。

④ 太和殿前广场面积，一般认为达三万平方米，故宫博物院研究馆员李文儒亦持此说（详见李少白、李文儒：《皇帝的广场》，《紫禁城》2006年第7期）。但也有人持不同观点，如《山东建筑工程学院学报》2006年第2期载闫凯等《北京明清皇家三大殿之比较研究》，文中指出："这个广场南北长约130米，东西宽约190米"，面积远不到三万平方米。

族成员）摊派银两，欠缺部分由朝廷补足。级别较低官员，不会被摊派银两，他们在广场上临时搭的篷子内就宴，而品级高的官员则在殿内或台基上就宴。实物主要有饽饽（北方面食）、羊肉（蒙古羊，不搞其他肉）、酒水（微甜）与水果等。对于广场上的官员来说，如果时逢盛夏，个个汗流浃背，苦不堪言；如遇寒冬，则又冰冷彻骨，唯有硬扛。不过，参加"国宴"也有一定的好处，皇上最后会赏赐群臣一些东西，如布匹米面等①。

19世纪中期，朝鲜使臣来到北京，向清王朝进贡，适逢大典，有幸参与庆贺。使臣天不亮就起身，上午10点开始入场，12点钟鼓齐鸣，众人叩礼，然后就坐。这之后，进茶、赐茶、行谢茶礼，进酒、赐酒、行谢酒礼，进馔、赐馔、行谢馔礼，每礼一叩首。结果，使臣受不了如此繁缛的礼节和复杂的程式，"睡不饱，吃不好，规矩又多"，使臣朝贡，算是开了眼②。

（清）庆宽等人绘光绪大婚典礼图③

太和殿与中和殿、保和殿是紫禁城三大殿，都坐落在一个庞大的工

---

① 清代筵燕事项繁多，仪礼复杂。详见《清会典事例·礼部·燕礼》，中华书局1991年版，第957—1011页。

② 李崇寒：《睡不饱，吃不好，规矩又多 太和殿：朝鲜使臣亲历的国家盛典》，《国家人文历史》2020年第2期。

③ 李崇寒：《睡不饱，吃不好，规矩又多 太和殿：朝鲜使臣亲历的国家盛典》，《国家人文历史》2020年第2期。

字形须弥座高台上：

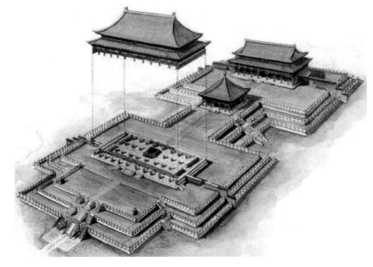

工字形高台示意图[①]

台三层（人称三台），东西宽130米，高8.13米，面积25000平方米。三层须弥座，所有栏板、望柱以及螭首（即龙首）用汉白玉石制成。

三台有螭首1142个。南北朝时，螭首已用于建筑。明代螭首已仅供皇家专用，成为皇家建筑的艺术符号。露台螭首排水，大约始于明朝。北京天坛祈年殿第三层月台，使用的排水部件也是螭首。雨大时，流水从螭首口中喷出，疾远有力，声响如高崖飞瀑。雨小时，螭首出水涓细，声如山涧潺潺。千龙吐水，无论缓急，均成景观。三台均有栏板，手扶雕栏，最易产生诗情。古代很多诗句都与雕栏有关，尽管那不是太和殿的三台雕栏。

---

① 李乾朗：《穿墙透壁：剖视中国经典古建筑》，广西师范大学出版社2009年版，第233页。太和殿部分，用来揭示内部柱网。

紫禁城三台螭首吐水[1]

太和殿，俗称金銮殿，重檐庑殿顶，紫禁城最大的主体建筑，同时也是中国等级最高的宫殿。现在的太和殿，台高8.13米，台基高0.96米[2]，殿身长64.24米，宽37米，高26.92米，建筑面积达2377平方米。

太和殿地基并非夯土：

> 1993年，北京市勘察院采用了地质勘探和地球物理勘探手段，在故宫范围内钻孔124个，提取土样，进行雷达发射实验，故宫地基情况才初见真容。
>
> 三大殿地底下有20多层砖。[3]

在六百年的流转中，紫禁城虽经历兵燹、损毁、重建，但始终

三大殿

① 于倬云主编：《紫禁城宫殿》，生活·读书·新知三联书店2006年版，第295页。

② 关于太和殿台基高度：张克贵、崔瑾《太和殿三百年》（科学出版社2015年版，第13页）认为高0.96米；徐振远、王丽霞《传统建筑的美化与保护——台基的作用》（《建筑工人》2018年第9期）认为高0.98米。

③ 王敬雅（讲述人）：《本期话题：皇帝家的地基长啥样？》，《中华遗产》2019年第1期，第18页。

巍峨于燕都之内，这与其坚不可摧的基础营造密切相关。①

现在看到的太和殿，面积比最初建成时要小许多。这与太和殿的五次被焚有关。关于太和殿的焚毁与重建：

1. 太和殿始建于明永乐十八年（1420年），名奉天殿。明永乐十九年四月初八（1421年5月9日），遭雷击焚毁。明正统六年（1441年），完成重建。

2. 明嘉靖三十六年四月十三（1557年5月11日），遭雷击焚毁。明嘉靖四十一年（1562年）缩小体量完成重建。三殿更名：奉天殿改为皇极殿，华盖殿改为中极殿，谨身殿改为建极殿。

3. 万历二十五年六月十九（1597年8月1日），他处失火殃及太和殿。明天启七年（1627）完成重建。

4. 明崇祯十七年三月十九日（1644年4月25日），李自成攻陷北京，明朝灭亡。明崇祯十七年四月二十九日晚（1644年6月3日），李自成撤离北京前，于紫禁城纵火，皇极殿被焚。清顺治二年五月（1645年6月）重修皇极殿，同年更名太和殿（和谐的最高境界为太和），次年十月（1646年11月）完工。

5. 清康熙十八年十二月初三（1679年1月4日），御膳房失火殃及太和殿。康熙三十六年（1697年）缩小体量完成重建。

经过两次缩减：

|  | 初建成的奉天殿 | 最后重建的太和殿 |
| --- | --- | --- |
| 长 | （约）95米 | 64米 |
| 宽 | （约）47米 | 37米 |
| 高 | 不详 | 26.92米 |

沿着踏道拾级而上，来到太和殿门前，粗壮的立柱，十分醒目。太和殿立柱72根，其中檐柱32根（高7.39米，直径0.78米，有侧脚），金

① 王敬雅（讲述人）：《本期话题：皇帝家的地基长啥样？》，《中华遗产》2019年第1期，第21页。

柱40根（高12.73米，直径1.06米，无侧脚）[①]。金柱中蟠龙金柱6根（位于宝座两侧）。

太和殿立柱使用的木材为东北松木。每根蟠龙金柱都是用两根松木拼成，然后外包铜皮，再沥粉贴金云龙图案。北京太庙大殿（前殿），有立柱68根，高13.2米，最大直径1.23米，全部为金丝楠木。北京明代长陵祾恩殿内外有立柱62根，全部为楠木，其中殿内金丝楠木32根，中央4根楠木高达14.3米，直径1.17米。作为全国最高等级的大殿，立柱用料反而不及其他一些殿宇，这也成为当朝皇帝最为遗憾的事情。

江南有四大名木：楠、樟、梓、椆。"楠"居于首。

四川楠木图[②]

明代时，楠木已是御用"皇木"。人们赞颂楠木的特质："千年不

---

① 张克贵、崔瑾：《太和殿三百年》，科学出版社2015年版，第36页。

② 吕游翁编著：《神秘的金丝楠木》，天津科学技术出版社2018年版，第7页。明代谷泰说："楠木产豫章及湖广云贵诸郡，至高大，有长至数十丈，大至数十围者，锯开甚香。亦有数种，一曰开杨楠（即影子木）；一曰含丝楠，木色黄，灿如金丝，最佳；一曰水楠，色微绿，性柔为下。今内宫及殿宇多选楠材坚大者为柱梁，亦可制各种器具，质理细腻可爱，为群木之长。"[（明）谷泰辑：《博物要览》卷15，见《续修四库全书·子部》第1186册，上海古籍出版社1996年版，第77页]

朽，万年不腐"。

金丝楠木，是我国特有的珍贵木材，其木质光泽强，在刨片时有明显的亮点，尤其在光线照耀下有如金丝闪烁，故名"金丝楠木"（又称"金丝楠"）。金丝楠木其美异常，盖世独一，有帝王木之称。

金丝楠木主要产于云、贵、川等地，其中以四川的最佳，古时皇家用材多在四川采集，贵州次之。历史上金丝楠木专用于皇家宫殿、少数寺庙的建筑和家具，古代帝王龙椅宝座都要选用优质金丝楠木制作。明清两代均被钦定为皇帝御用之木，严格禁止皇家以外的建筑使用金丝楠木，民间如有人擅自使用，会因僭越礼制而获大罪。

…………

为什么皇家专门采用金丝楠木？因为金丝楠木有着其他木材无与伦比的优点：

其一耐腐。埋在地下可以千年不腐烂。其二金黄色是皇家专用颜色。其三防虫，百虫不侵，金丝楠木箱柜存放衣物书籍字画可以避虫防蚀。其四其质地温润柔和，细腻舒滑，有如婴儿之肌肤。冬天触之不凉，夏天触之不热，益身护体。其五金丝楠木纹路细密瑰丽，精美异常，金丝闪耀，辉煌无比。其六金丝楠木散发特有的香味，室雅楠香，闻之令人心旷神怡。其七金丝楠木乃天地最神奇灵异之木，能感知阴阳交替和气候变化。其八金丝楠木具有静心安神降压的药用效果。楠香怡神养生，久居楠香之屋，可以延年益寿。

由于历代皇室大量砍伐征用及其本身存量稀少，金丝楠木在明朝末期就已经濒临灭绝……

…………

金丝楠木木质坚硬耐腐，自古有"水不能浸，蚁不能穴"之说。主要分布于我国四川、贵州、云南、湖南、湖北等海拔1000～

1500米的亚热带地区阴湿山谷、山洼及河旁。它生长缓慢，其生长规律又使之大器晚成（生长旺盛的黄金阶段需要90年，成材需要百年，寿命250~350年，特殊的也有上千年或更久）。①

明代建设太和殿（时名奉天殿），立柱采用的是金沙江下游深山老林中的楠木，其伐运之难，非常人所能想象。明代吕坤（1536—1618）曾上疏朝廷：

> 以采木言之，丈八之围，非百年之物。深山穷谷，蛇虎杂居，毒雾常多，人烟绝少，寒暑饥渴瘴疠死者无论矣。乃一木初卧，千夫难移，倘遇阻艰，必成伤殒。蜀民语曰："入山一千，出山五百"，哀可知也。至若海木，官价虽一株千两，比来都下，为费何止万金。臣见楚、蜀之人，谈及采木，莫不哽咽。②

至清康熙年间，楠木已十分匮乏，兼之采运艰难，两次采运均被迫停止，重建太和殿只好用松木替代。

从秦代开始，建造宫殿就已选用楠木。经数代砍伐，江南楠木荡然无存，最后只有到川贵一带的深山中去寻找，自然生态环境遭受极大破坏。百姓哀号，官员叫苦，诚如吕坤所言："谈及采木，莫不哽咽。"

---

① 吕游翁编著：《神秘的金丝楠木》，天津科学技术出版社2018年版，第8、9、13页。
② （清）张廷玉等：《明史》第19册，中华书局1974年版，第5938页。

1900年太和殿内蟠龙金柱旧影①

太和殿立柱②

步入太和殿，可以看到发亮的金砖。太和殿墁地金砖有4718块。这种砖质地坚硬，光润耐磨，敲击有金石声，兼之价格昂贵，堪比黄金，故名"金砖"。除了紫禁城，天坛、太庙以及皇陵也都用了金砖。

①《太和殿金柱》，《紫禁城》2015年第6期。

②定界：《图解故宫》，北京出版社2018年版，第46页。

至今光亮鉴人的太和殿金砖地面①

　　紫禁城所用金砖，主要来自江苏苏州。烧制金砖，选料苛刻，工艺复杂，耗时费工。明代宋应星《天工开物》中说，好砖取土，"黏而不散，粉而不沙"②，金砖要求泥土细腻，毫无杂质。烧制需130天，尔后再用桐油浸泡。明代嘉靖时工部郎中张问之在苏州三年，督造金砖五万块。至施工墁地时，更得精工细作，要求极高：

　　　　清代官书《工程做法》上规定，砍磨二尺金砖每一工只能砍三块。而墁地时每瓦工一人，壮工二人，每天只能墁五块。③

21世纪浙江嘉善沈家窑的金砖窑墩④

　　① 顾功仁：《从老照片看太和殿》，《紫禁城》2006年第4期，第31页。
　　② （明）宋应星著，管小琪编译：《天工开物》，哈尔滨出版社2009年版，第173页。
　　③ 湛轩业、傅善忠、梁嘉琪主编：《中华砖瓦史话》，中国建材工业出版社2006年版，第338页。
　　④ 西塘撰文，朱峰摄影：《最后的京砖窑纪实 铺在金銮殿上的"金砖"》，《数码摄影》2009年第11期。

三大殿

金砖工艺，曾一度中断：

烧制金砖的御窑于光绪三十四年（公元1908年）停产。上个世纪80年代末，在失传70多年后，苏州陆墓御窑村开始抢救金砖烧制工艺时，已主要靠窑户世家祖辈口述流传下来的经验。经过多年努力，这一传统工艺终于被"复活"，1990年，北京故宫维修时曾首次用上新烧制的金砖。[①]

太和殿的藻井，是太和殿正中心。藻井下应当就是皇帝的宝座——百姓称为龙椅，但现在看到的龙椅却不在中心位置。1915年12月12日，袁世凯称帝。称帝前，袁世凯撤换了太和殿龙椅。太和殿藻井上有颗硕大的宝珠，袁世凯怕它掉下砸中头颅，于是另做龙椅，将原来宝座换掉，同时移后两米[②]，以求心定。1916年6月6日，袁世凯离世。1947年，故宫博物院将袁世凯龙椅撤离。20世纪60年代，在找到原皇帝龙椅后，经过两年多时间的修复，原龙椅被放回太和殿，但位置无法复原（依旧在袁世凯龙椅位置）。1960年10月，故宫博物院将袁世凯龙椅移交清东陵文物管理所，现置于东陵慈禧隆恩殿内。

太和殿藻井[③]

① 湛轩业、傅善忠、梁嘉琪主编：《中华砖瓦史话》，中国建材工业出版社2006年版，第339页。

② 周乾：《太和殿的故事》，中国文联出版社2017年版，第166页。

③ 定界：《图解故宫》，北京出版社2018年版，第48页。

（恢复龙椅后但尚未恢复匾联时期的）太和殿宝座①

现存清东陵的袁世凯"九龙宝座"②

1900年太和殿内部旧影③

①《太和殿宝座 髹金漆云龙纹宝座》，《紫禁城》2006年第4期，第6页。该文根据资料整理，未署名。

②顾功仁：《从老照片看太和殿》，《紫禁城》2006年第4期，第24页。

③顾功仁：《从老照片看太和殿》，《紫禁城》2006年第4期，第30页。

中国古代建筑欣赏

恢复匾联后太和殿内景①

　　袁世凯除了撤换龙椅，把太和殿原有的匾联也撤掉了。

　　清乾隆八年（1743年），弘历为太和殿题写了匾联。匾额："建极绥猷"。楹联："帝命式于九围，兹惟艰哉，奈何弗敬；天心佑夫一德，永言保之，遹求厥宁。"【匾额】建：建立。极：最高标准、法则。绥：安定、安抚。猷：道，准则，标准。建立了最高法则即可安天下有道（安天下有了依据、有了准则）。【上联】九围：天下。式：榜样。帝命：上天旨意，即天意。上天要我为天下以身作则。兹惟艰哉：这是很难做到的啊。兹：这。惟：虚字，无义。奈何弗敬：岂能不认真对待。上联说要顺从天意，为天下苍生而自律，以身作则，再难亦要慎重对待。【下联】天心：天意。佑：保佑，辅助。夫：虚字，无义。一德：同心同德。上天助我与万民同德。永言保之：永远如此。之：代"一德"。言：虚字，无义。保：保持，保有。遹（yù）：虚字，无义。厥：其，指代"九围"。宁：安定，太平。下联讲天意要我与万民同心同德，永远如此，以求天下太平。

　　2001年，故宫博物院依照1900年旧照片对太和殿匾联进行复制，

--------

① 顾功仁：《从老照片看太和殿》，《紫禁城》2006年第4期，第26页。

翌年9月将匾联复归原位。

北京属于地震多发区。清康熙四年三月初二日（1665年4月16日），北京通县（震中）发生地震，震级6.5级，烈度8度（太和殿距震中20余公里）：

> 晨十一时，北京便起了一阵地动，摇撼宫殿与全城之建筑，由地隆隆发出雷鸣之声。城内房屋之倒塌者不计其数，甚至城墙亦有百处之塌陷……城内多处地面裂成隙口。东堂房顶之十字，亦被震落于地。同时陡起劲风一阵，吹扫城市，地上吹起之灰尘，遮天蔽日，使北京顿成黑暗世界。……同日还有继续发生三次，在以下的三日中，每日皆发生一次。[1]

清雍正八年八月十九日（1730年9月30日），北京海淀（震中）发生6.5级地震（太和殿距震中约15公里）：

> 雍正中，京师地震，房屋倒塌，压毙极多。[2]
>
> 几年前，在1730年9月30日，这地方发生一次历史记载上比较猛烈的地震，不到一分钟，北京十万以上的居民埋葬在房屋的废墟下。四郊死亡的人更多。许多房屋完全毁坏。震动的方向从东南至西北。葡萄牙人和法国人的住宅，像他们的教堂一样，差不多完全被震圮。在太阳底下，摆正了的自鸣钟，比平日走慢了差不多半个钟头。地震以前，人们按照惯例离开餐室，否则也一定将在瞬息之间压倒在废墟里。[3]

遭遇大震，太和殿安然无恙，国外研究者也为之惊讶：

---

[1] 贺树德编：《北京地区地震史料》，紫禁城出版社1987年版，第162页。
[2] 贺树德编：《北京地区地震史料》，紫禁城出版社1987年版，第266页。
[3] 贺树德编：《北京地区地震史料》，紫禁城出版社1987年版，第278页。

三大殿

2017年，故宫博物院工程师周乾接到一通跨洋电话，来电者是英国一家电视台，他们听说中国古代木建筑抗震能力很强，于是找到周乾，希望答应他们的拍摄请求：复刻一个太和殿来震一震，看看中国古建筑到底有多抗震。

　　太和殿太大，于是他们换成寿康宫，用传统的工具和技法，将立柱、外墙、斗拱一一还原，照原样复制了一座1/5大小的寿康宫。

　　怎么测试抗震性能呢？

　　英国导演说，我们英国没有地震，对地震的了解只知道"震级"，那我们就把模型放到测试用的地震台上，一级一级加，加到散架为止。于是，一场简单粗暴的实验开始了。

　　周乾带着外国木匠理查德站在仪器旁，紧盯着仪器上不断升高的数值。5级，寿康宫已经疯狂摇摆。8级，两边的墙体轰然倒塌，但主体的木结构还只是摇摇晃晃，没有要"投降"的意思。震级9.5级，这是1960年智利大地震的震级，是人类经历过的最高的震级了。

　　当地震台的震级显示，达到10.1级，寿康宫在地震台上疯狂起舞，但就是死活不散架。理查德又是惊奇又是兴奋，想要再加码，可地震台已经快要冒烟了！

　　理查德说："我们想震塌这个建筑，但是我们做不到。"

　　后来，周乾分享了他们研究发现的"紫禁城的秘密"。最大的秘密就藏在屋顶上：榫卯结构拼合而成的斗拱。榫卯，中国古代木质建筑的主要结构，不用一根钉子，通过木条拼合而成。拼合成的斗拱之间虽有缝隙，却丝毫不影响建筑的稳固性。

　　地震开始，斗拱通过摩擦、旋转，消化掉了地震中的能量，起到减震作用。

　　其次是柱顶石，故宫主体柱子下的这块大石头。实验前，工程师们本以为立柱会受损严重，实验结束，木架完好无缺，但他们发现模型产生了轻微位移。没错，建筑整体移动了，但是建筑本身无损。如果柱子不是放在柱顶石上，而是插入地基中，反而会因为消解不了地震的能量而断裂。

立柱的角度也有看不见的讲究。我们肉眼看到立柱，以为是平行向上的，但其实有轻微的倾斜，向内收拢，和屋顶一起形成了一个稳固的三角形，无疑也为建筑又上了一层保险。

除了斗拱减震，土加碎石的地基搭配也功不可没。一层土一层碎石的铺法，层层垒起，化解地震的能量。

此外，故宫的墙体厚、梁架低、屋顶重等设计，也对建筑物本身起到了很好的保护作用。一系列的工程技术，让小型的寿康宫在这次实验中成功立住。

除了紫禁城，在中国还有年代更久远的抗震木建筑，它们均体现了榫卯结构的良好应用，作为"世界三大奇塔"之一的应县木塔，传说中地震不倒、战火不毁、雷击不焚，它的构造体现了斗拱的精妙，是中国建筑史上最具价值的坐标。

纯木建造的万荣飞云楼，被誉为"中华第一木楼"，无论大小接口，均为榫卯嵌套，它和应县木塔一起，被誉为"南楼北塔"。

而寿康宫，只是故宫的小小缩影，类似的木构古建筑，整个故宫有1200座，成为世界上现存规模最大、保存最完整的古代木构建筑群。

我们用现代实验总结出故宫抗震的原理，而其中所蕴含的智慧，早已经受住无数实际考验。

其实，北京位于地震活跃带，这条危险的断层带长达1000公里。但正是因为这些经年积累的技艺，让紫禁城挺过了大大小小200多次地震。[1]

太和殿的墙厚达1.45米。作为紫禁城内规格最高、体量最大的木构

① 那威哥：《600年200多次地震，故宫怎么就是不倒？》，《人生与伴侣·综合版》，2020年第11期，第94—95页。

建筑，太和殿的木材成品用量，超过了三千五百立方米。寒冬时节，太和殿有地暖，燃料采用上好木炭，无烟。

如今的太和殿，已成为人们游览的绝佳去处。皇家的仪仗不复存在，昔日朝拜时的三声鞭响以及鸿胪官①的喊唱，早已随着风云变幻消逝得无影无踪。面对红墙黄瓦，有人凝视艺术，有人思辨历史，有人吟咏华章。身姿伟岸的太和殿，给后世来者留下了太多的审美感慨和文化启迪，以及万物中和②的哲学思考。

## 曲阜孔庙大成殿

春秋时期，孔子去世后，他的弟子精进不已，成其所学。鲁国大夫叔孙武叔有一天在朝廷上对别人说："子贡已经超过了孔子。"后来，子服景伯把这事告知子贡。子贡说："拿围墙做个比方，我的围墙仅有肩膀那么高，别人一眼就能看清我的房屋到底有多好。先生孔子的围墙，高达数丈，如果找不到门进入，就看不到宗庙的壮美，以及宫室的富丽。能够找到孔子围墙门的人也许很少啊。叔孙武叔那样讲，是很正常的。"③子贡对孔子的赞美之辞，后来被用在山东曲阜孔庙的围墙上。

鲁哀公十六年（前479年），孔子逝世，终年73岁。第二年（鲁哀公十七年，前478年），鲁哀公将孔子生前所用什物置于孔子旧宅，并立之为庙，祭祀孔子由此发端。

汉高祖十二年（前195年）十一月，刘邦在曲阜祭祀孔子，帝王祭

---

① 执掌礼仪。

②《中庸》（第一章）："喜怒哀乐之未发，谓之中；发而皆中节，谓之和。中也者，天下之大本也；和也者，天下之达道也。致中和，天地位焉，万物育焉。"王国轩译注：《中华经典藏书·大学 中庸》，中华书局2012年版，第46页。

③（清）刘宝楠撰，高流水点校：《论语正义》（中华书局1990年版，第750页）："叔孙武叔语大夫于朝，曰：'子贡贤于仲尼。'子服景伯以告子贡。子贡曰：'譬之宫墙，赐之墙也及肩，窥见室家之好。夫子之墙数仞，不得其门而入，不见宗庙之美，百官之富。得其门者或寡矣。夫子之云，不亦宜乎！'"按，宫墙：围墙。仞：一仞七尺。官：通"馆"，室。

孔从此开始。

经过历代王朝的重修扩建，曲阜孔庙终成大观。

明嘉靖十七年（1538年），孔庙修缮，山东巡抚胡瓒宗为孔庙南城门题写门额"万仞宫墙"。同年，胡瓒宗为孔府题写"金声玉振"匾额（今犹存）。清乾隆十三年（1748年），乾隆皇帝撤下胡瓒宗所书门额，换上自己亲笔。现在孔庙南外大门上的"万仞宫墙"四个大字，即乾隆御笔[①]。

曲阜古城正南门[②]

万仞宫墙[③]

　　①孔庙研究者多认为"万仞宫墙"是"仰圣门"题额，但孔庙北门上也嵌有"仰圣门"三字。孔庙正南门究竟是不是仰圣门？有人提出质疑。两种不同看法，参见孔令河、孟竹春《曲阜城有两个"仰圣门"吗？》（《齐鲁学刊》1982年第5期）与骆承烈《关于曲阜的"仰圣门"》（《齐鲁学刊》1983年第1期）。

　　②茹遂初编著：《孔庙 孔林 孔府》，五洲传播出版社2002年版，第21页。

　　③陈传平主编：《世界孔庙.1》，文物出版社2004年版，第28页。

三大殿

经过"万仞宫墙",穿过孔庙的第一座石坊"金声玉振"坊,就来到历代儒生的朝圣之地。

唐朝的士人,要到孔庙行"释褐礼",脱掉平民衣服,换上官服。元代以后,规定官员上任,首先要参拜孔子。至清末,全国有孔庙1560余座。孔庙不再仅仅是孔氏家庙,它早已上升到国家礼制层面,由官府管辖,成为官庙。皇帝来曲阜祭孔,要行三跪九叩大礼。所有孔庙中,以曲阜孔庙与北京孔庙等级最高,非祭典时,这两个地方不允许寻常人等入内。

孔子的"君君,臣臣,父父,子子"(《论语·颜渊》),对于稳定社会,是极好的思想指南。君要像君的样子,臣要像臣的样子,父要像父的样子,子要像子的样子。这个"样子",就是君要施仁政,治理好国家,臣必须要忠君;父要慈爱,管理好家庭,子必须孝敬父母。在历代统治者眼里,臣忠子孝是核心。孔子的思想,经过历代王朝的运作,早已深入人心。儒生通过儒学实现人生价值,君王通过儒教来统御天下,各得其所。祭孔既追念了先圣,又鼓励了孔学,扩大了影响,无论对帝王还是对儒生,孔庙都是神圣的。

孔庙内有许多参天古柏,还有唐槐和宋银杏。百年以上的古树,有1250株左右。无论人声是否嘈杂,在这里总能感受到肃穆的氛围。在大成门东侧,可以看到"先师手植桧",据传乃孔子亲手种植的桧树。现在所见桧树,实际上是元代移植过来的。数百年间,这株桧树几经生死,几度枯荣,最后在清代雍正年间再次长出新枝。

进入大成门,可看到杏坛。杏坛在大成殿与大成门之间。

《孟子·万章章句下》说:"孔子之谓集大成。集大成也者,金声而玉振之也。"汉人赵岐注:"孔子集先圣之大道,以成己之圣德者也,故能金声而玉振之。"①金声玉振,指孔子将先圣之德融合,有如众音成乐,韵律和谐,有条不紊,有始有终。所谓"大成",取义于此。

①(汉)赵岐注,(宋)孙奭疏,廖名春、刘佑平整理,钱逊审定:《孟子注疏》,北京大学出版社2000年版,第316页。

曲阜孔庙中的双龙古柏①

曲阜孔庙的"先师手植桧"②

孔子讲学处——杏坛③

三大殿

① 陈传平主编:《曲阜孔庙 孔林 孔府》,三秦出版社2004年版,第69页。

② 胡元斌主编:《孔府孔庙孔林》,汕头大学出版社2016年版,第17页。

③ 孔祥林主编:《大哉孔子》,齐鲁书社2004年版,第19页。

杏坛处于大成殿前院的正中，相传当年孔子在此讲学。北宋天圣二年（1024年）修建此坛，环植以杏，故名杏坛。金代于坛上建亭。现存杏坛为北宋天圣二年（1024年）重修后的样子。至于杏坛位置是否系孔子讲学原址，无从考知。

唐开元二十七年（739年），唐玄宗封孔子为"文宣王"，称孔庙为"文宣王庙"，殿为"文宣王殿"（南北朝北齐时孔庙已有大殿，北齐之前大殿情况无考）。宋徽宗崇宁三年（1104年），文宣王殿更名为"大成殿"。

木构架的大成殿，也曾屡毁屡建[1]：

1.北宋末年毁于兵火，金皇统九年（1149年）重建。金明昌五年（1194年）重修时，扩为七间，始用绿琉璃瓦，廊柱改为石柱，刻龙为饰。

2.金贞祐二年，即公元1214年，又毁于兵火。元大德六年，即公元1302年又重建。明成化十六年，即公元1480年，大成殿扩建为九间。

3.明弘治十二年，即公元1499年毁于雷火，旋即重建。

4.清雍正二年，即公元1724年复遭雷火，这次皇帝特许"晶莹黄瓦，准制度于宸居"，完全按照皇宫的规格重建。屋顶采用重檐歇山顶（仅次于中国古典建筑最高等级的重檐庑殿顶）。这就是我们今天见到的曲阜孔庙大成殿。

与所有孔庙大成殿相比，曲阜孔庙大成殿的体量是最大的。在建筑等级上，曲阜孔庙大成殿与北京孔庙大成殿同属最高级。

曲阜孔庙大成殿的露台高2米，双层，每层有石雕栏板，底部须弥座，台阶雕神龙、神兽与花卉。祭孔时，在露台上表演乐舞。奏"大成乐"（祭孔专用音乐），舞"八佾"（舞者八人一列，共八列，祭舞最高等级）。祭礼中司仪叫"鸣赞"，嗓音极洪亮，非常人可比。祭孔大礼称为"释奠礼"，在大成殿行祭礼，称"大成殿释奠礼"。若夜间行礼，则

---

① 以下四点，移录自刘亚伟：《远去的历史场景：祀孔大典与孔庙》，山东文艺出版社2009年版，第58页，序号系笔者添加。

遍燃牛油红烛。

下面是故宫太和殿、曲阜孔庙大成殿与北京孔庙大成殿的建筑规模比较：

| | 长(米) | 宽(米) | 高(米) | 面积(平方米) |
|---|---|---|---|---|
| 故宫太和殿 | 64.24 | 37 | 26.92 | 2377 |
| 曲阜孔庙大成殿 | 45.78 | 24.9 | 24.8 | 1140 |
| 北京孔庙大成殿 | 41.28 | 25.75 | 21.5 | 1063 |

曲阜孔庙大成殿须弥座露台①

曲阜孔庙大成殿②

① 刘亚伟：《远去的历史场景：祀孔大典与孔庙》，山东文艺出版社2009年版，第58页。
② 侯幼彬撰文，张振光等摄影：《台基》，中国建筑工业出版社2013年版，第13页。

曲阜孔庙大成殿最独特、最令人瞩目的地方，是它廊下整石雕刻的28根雕龙石柱。

28根雕龙石柱，每柱高6米，直径0.8米。前廊10根深浮雕龙柱，每柱雕有二龙戏珠，云焰蒸腾，蛟龙形态各异、呼之欲出。两侧及殿后回廊有八棱水磨石柱18根，每棱面浅雕九龙戏珠，每柱雕72龙。大成殿廊下石柱共雕1316龙，个个活灵活现，古代工匠的高超技艺令人称奇。

宫殿檐柱雕龙，是中国古代建筑的传统艺术。湖北荆州城西太晖观祖师殿有6根透雕蟠龙石柱，龙头伸出柱面，栩栩如生。大成殿石柱雕龙，规模大，技法精，"是建筑与雕刻相辅相成的杰出的范例"①。

曲阜孔庙大成殿深浮雕龙柱②

斗拱是古代建筑等级的标志部件。大成殿为重檐歇山式，檐下斗拱细密交错，规格之高堪比皇宫。

---

① 梁思成语。张胜友、蒋和欣主编：《中华百年经典散文·风景游记卷》，作家出版社2004年版，第207页。

② 孔祥林、侯新建：《大哉孔子》，《中华遗产》2004年第1期，第22页。

大成殿内，有巨大神龛，神龛中供奉着孔子塑像，高3.35米，戴十二旒冠，着十二章服，手执一尺二寸镇圭[1]，脚蹬登云履，俨然王者像。孔子像两侧有配祀，东侧神龛内为复圣（颜回）、述圣（孔伋），西侧神龛内为宗圣（曾参）、亚圣（孟轲），合称"四配"。四配高2.6米，为配祀的第一等级。配祀的第二等级，为"十二哲"，高2米，在殿内东西两端。东位西向六哲：闵损（子骞）、冉雍（仲弓）、端木赐（子贡）、仲由（子路）、卜商（子夏）、有若（子若）。西位东向六哲：冉耕（伯牛）、宰予（子我）、冉求（子有）、言偃（子游）、颛孙师（子张）、朱熹（元晦）。四配十二哲戴九旒冠冕，着九章服，手持七寸躬圭[2]。能够从祀孔子，那是极高的荣誉，原来只有四配十哲，十哲都是孔子弟子。朱熹之所以能够从祀，是因为康熙帝对他的敬仰。一直到乾隆之后，十二哲位次才固定下来。四配十二哲的位次，历史上曾反复折腾，搞得皇帝都受不了：

> 在孔庙里面从祀位置的上上下下，有一次就惹恼了乾隆皇帝。他说你们这些儒生很无聊，怎么忽左忽右，忽前忽后，到底要怎么样，你要定出万世大家所遵循的礼制。[3]

孔子与四配十二哲塑像曾于20世纪60年代被毁，现在看到的塑像，是20世纪80年代照原样恢复的。

大成殿外前方两侧长廊，是东庑与西庑，俗称"两庑"，置156位从祀的先贤先儒牌位。东庑先贤如公西赤、周敦颐、程颢、邵雍等，先儒如公羊高、毛亨、孔安国、郑玄、诸葛亮等；西庑先贤如公冶长、公孙龙、左丘明、张载等，先儒如穀梁赤、董仲舒、许慎、欧阳修等。

三大殿

---

① 旒冠，即冕冠。十二旒：冕冠前后各垂12条玉串。十二章服：冕冠与冕服相配，冕服上有十二种纹饰。镇圭：长条玉制礼器。

② 大臣朝仪时所执玉器。

③ 黄进兴：《皇帝、儒生与孔庙》，生活·读书·新知三联书店2014年版，第85页。

曲阜孔庙大成殿神龛孔子像①

大成殿前门楣上匾额②

---

① 茹遂初编著:《孔庙 孔林 孔府》,五洲传播出版社2001年版,第42页。

② 茹遂初编著:《孔庙 孔林 孔府》,五洲传播出版社2001年版,第38页。

曲阜孔庙大成殿孟子配祀像①

1988年1月24日澳大利亚《堪培拉时报》刊登帕特里克·曼汉姆自巴黎发出的报道《诺贝尔奖获得者说要汲取孔子的智慧》：

> 这篇报道的第一句话是："诺贝尔奖获得者建议，人类要生存下去，就必须回到25个世纪以前，去汲取孔子的智慧。"报道随即指出"这是上周在巴黎召开的主题为'面向21世纪'的第一届诺贝尔奖获得者国际大会上，参会者经过四天的讨论所得出的结论之一。"②

① 茹遂初编著：《孔庙 孔林 孔府》，五洲传播出版社2001年版，第43页。

② 薛国良、哈艳：《一个诺贝尔物理学奖得主的人文宣言》，《物理通报》2010年第11期，第89页。

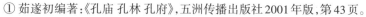

曲阜孔庙、孔府、孔林被称为"三孔"。1981年，在孔府曾发生一件"败笔变杰作"的趣事：

1981年，身为法国社会党领袖的密特朗来中国访问。在游览孔府时，他手扶龙柱让随行摄影师拍了一张照片。回国后，摄影师洗出照片一看，不禁吓出一身冷汗。原来，密特朗在龙柱下的照片是一张"双眼瞎"照片。此次出访中国，对密特朗意义重大，他想通过这些照片进行竞选宣传。出了失误，摄影师自觉无法向这位总统候选人交代。尽管密特朗向他催要了几次，但他都以各种理由推辞，他在苦思补救的办法。

一天晚上，他正对着这"败笔"发呆。忽然，他回忆起中国翻译曾经向密特朗介绍"龙"的象征意义：龙是中华民族的图腾，是中国文化的代表符号，也是中国的象征。他灵感一闪，提笔在照片下写上了"倾听龙的声音"一句话。第二天，他将这张"倾听龙的声音"呈献给密特朗。密特朗看后很高兴，称赞他高超的摄影技术。第三天，这张照片就出现在法国的各大报纸上。3个月后，这位深谙中国文化的社会党领袖当选为法国总统。

一年过后，这张"倾听龙的声音"的特殊照片，获得了世界摄影大奖。

"倾听龙的声音，感受中国文化"的思想内涵，挽救了那张"失败"的照片的命运，也挽救了那位摄影师的命运，摄影师"因祸得福"。[1]

由于"三孔"的悠久历史以及建筑的艺术价值、厚重的文化积淀和对世界的巨大影响，1994年联合国教科文组织将"三孔"列入《世界遗产名录》。

---

[1] 王凤林：《倾听龙的声音》，《高中生》2010年第13期，第1页。

孔子是公元前6世纪到公元前5世纪中国春秋时期伟大的哲学家、政治家和教育家。孔夫子的庙宇、墓地和府邸位于山东省的曲阜。孔庙是公元前478年为纪念孔夫子而兴建的，千百年来屡毁屡建，到今天已经发展成超过100座殿堂的建筑群。孔林里不仅容纳了孔夫子的坟墓，而且他的后裔中有超过10万人也葬在这里。当初小小的孔宅如今已经扩建成一个庞大显赫的府邸，整个宅院包括了152座殿堂。曲阜的古建筑群之所以具有独特的艺术和历史特色，应归功于2000多年中国历代帝王对孔夫子的推崇。①

# 泰山岱庙天贶殿

不知从何时开始，故宫太和殿、曲阜孔庙大成殿与山东泰安岱庙天贶殿被并称为"中国古代三大宫殿"，简称"三大殿"。

岱庙又称"东岳庙"，始建于汉代，位于山东泰安泰山南麓。泰山又名岱山、岱宗、东岳等，岱庙以祀岱宗山神而得名，系历代帝王举行封禅大典之处。天贶殿是岱庙建筑群中主殿，始建于北宋大中祥符二年（1009年），坐落在岱庙仁安门北侧（岱庙中轴线中后部）。"天贶"即"天赐"的意思。

岱庙是道教全真派圣地，总面积逾9.6万平方米。天贶殿是东岳大帝的神殿，内有4.4米高东岳泰山神塑像，属于道观建筑。同样一座殿宇，佛家用它，就成了"寺"，道家用它，就成了"观"。

三大殿

71

---

① 胡长书、张侃主编：《中国世界遗产》，华南理工大学出版社2004年版，第94页。

岱庙鸟瞰①

岱庙正门②

① 泰安市博物馆编,柳建新等摄:《岱庙》,山东美术出版社2008年版,第9页。

② 刘珂理主编:《中国寺庙大观》,北京燕山出版社1990年版,第185页。

20世纪初期德国建筑师恩斯特·柏石曼拍摄的天贶殿①

天贶殿泰山之神塑像（1984年重塑）②

天贶殿建筑规格很高，面阔九间，进深五间③，这样九五之制的开间，

---

①《近世中国影像资料》编委会主编：《〈近世中国影像资料〉第一辑》第8册，黄山书社2013年版，第50页。

②韩欣主编：《中国古代建筑艺术》，研究出版社2009年版，第348页。

③诸多材料曰天贶殿进深四间，陈从周亦如是说。泰安市博物馆网站介绍天贶殿进深五间，另可见泰安市博物馆编、柳建新等摄：《岱庙》，山东美术出版社2008年版，第6页。

只有皇家才可以使用。重檐庑殿顶（重檐之间挂"宋天贶殿"竖匾），黄色琉璃瓦，建筑等级为古代宫殿的最高级。天贶殿长43.67米，宽17.18米，高22.3米，面积750平方米，坐落在2.1米高的双层须弥座露台上。

天贶殿露台须弥座①

像其他大殿一样，木构架的天贶殿同样经历了"再废再建"②：

1. 金大定十八年（1178年）火灾，1179年重修，大定二十一年（1181年）完工。

2. 明宣德三年（1428年）火灾，天顺四年（1460年）重修，天顺五年（1461年）完工。

3. 明嘉靖二十六年（1547年）岱庙大火。天贶殿受损。嘉靖四十一年（1562年）重修，四十二年（1563年）完工。

4. 清康熙七年（1668年）大地震，天贶殿损毁严重，"墙根俱已碎塌，檩枋俱坏大半，惟梁柱可用"③。康熙十六年（1677年）重修完成。

① 刘慧：《泰山岱庙考》，齐鲁书社2003年版，第109页。

② 参见刘慧：《泰山岱庙考》，齐鲁书社2003年版，第113页。

③（清）张所存《重修岱庙履历纪事》，见陶莉：《岱庙碑刻研究》，齐鲁书社2015年版，第174页。

清康熙七年六月十七日戌时（1668年7月25日晚），山东发生了一次中国历史上罕见的大地震，极震区在郯城、临沭、临沂交界处，史称郯城地震。这次地震，极震区震级8.5级，烈度12度，连朝鲜半岛、日本都有震感，安徽北部也遭遇破坏。康熙《郯城县志》记载：

康熙七年六月十七日戌时地震，虢声自西北来。一时楼房树木皆前俯后仰，从顶至地者连二三次，遂一颤即倾。城楼垛口，官舍民房并村落寺观，一时俱倒塌如平地。打死男妇子女八千七百有奇。查上册人丁打死一千五百有奇。其时地裂泉涌，上喷二三丈高，遍地水流，沟浍皆盈，移时即消化为乌有。人立地上，如履圆石，辗转摇晃，不能站立，势似即陷，移时方定。合邑震塌房屋约数十万间。其地裂处，或缝宽不可越，或缝深不敢视。其陷塌处皆如阶级，有层次。裂缝两岸皆有淤泥细沙。其所陷深浅阔狭，形状难以备述，真为旷古奇灾。如庠生李献玉屋中裂缝，存积一空，献玉陷入穴中，势似无底，忽以水涌浮起，始得扳岸而出。廪生李毓垣室中有麦一篅，陷入地中，仅存数握。又廪生高德懋夫妻子女家口共计二十九人，仅存一男一女，其余尽皆打死。其时死尸遍于四野，不能殓葬者甚多，凡值村落之处，腥臭之气达于四远，难以俱载。即此三家，亦足以见灾震之祸烈而惨矣。

（清）张三俊 冯可参《郯城县志》卷九 康熙十二年刊本[1]

泰安距郯城约247公里，泰安地震烈度约在9度左右。康熙《泰安州志·舆地志·灾祥》记载：

六月十七日戌时，忽有白气冲起，天鼓忽鸣，城随大震，声如雷鸣，音如风吼，隐隐有戈甲之声。或自东南震起，或自西北震

① 谢毓寿、蔡美彪主编：《中国地震历史资料汇编.第三卷（上）》，科学出版社1987年版，第182页。

三大殿

起，势若掀翻，树皆仆地，食时方止。城垣、房屋塌滩大半，城市、乡村人皆露处。当夜连震六次，比天明震十一次。自后常常震动，至次年六月十二犹震。城西南故县村地裂，深不见底，宽狭不等，其长无际；城东棱村庄，地裂出水。东南留宋、羊楼等庄，地陷为坑，大小不等皆有水；朱山崩裂，石上有文，人不能辨。泰山顶庙钟鼓皆自鸣有声，或见马蹄，其大如斗，或见大人之迹，其长尺许。[①]

清人彭孙贻《客舍偶闻》记泰安地震情景：

　　十七日戌时，白气冲天，天鼓忽鸣，地随大震，声响如雷，食时方止。

　　（清）彭孙贻《客舍偶闻》页五《振绮堂丛书》宣统二年刊本[②]

　　天贶殿外南面立有一碑：《清康熙重修岱庙记碑》。碑的正面，刻施天裔《重修东岳庙记》，背面刻张所存《重修岱庙履历纪事》。张所存记述了地震后重修岱庙的过程，他亲自赴南京采办木料，赴芜湖采办桐油，赴山西阳城采办饰画颜料，最后经水路从南京返济宁，耗时一年，光纤夫就用了300多人。

　　下面是张所存重修岱庙植种树木的记载，录于下，供参考：

　　午门内栽柏树八十五株，杨树四十株，槐树二十二株，白果树二株。仁安门前栽柏树五十三株，槐树十二株。大殿左右丹墀，栽柏树五十九株，松树四株，白果树二株，杨树五株，槐树九株。后

---

①《中国地方志集成·山东府县志辑(63)》，凤凰出版社2004年版，第38页。

②谢毓寿、蔡美彪主编：《中国地震历史资料汇编.第三卷(上)》，科学出版社1987年版，第174页。

寝宫栽柏树三十一株，杨树十八株，白果树二株，槐树五株。寝宫后栽榆树三百株。此皆东岳之灵，方伯之功，予亦得艰苦经划于其间。今将所历时日，所费物力，所栽树植，所建殿、楼、墙、宇一一刻记于石，后亦以见重修之非易也。

康熙十有七年夏四月，岱下张所存谨志。①

天贶殿南面《清康熙重修岱庙记碑》②

天贶殿内有巨幅壁画，是研究道教绘画艺术以及中国美术史的珍贵资料。

在天贶殿东、北、西墙壁上，绘有东岳大帝泰山神出巡与回宫的两幅画：启跸图、回銮图。两图常被合称为《启跸回銮图》。从北墙正中向东延伸，东壁绘泰山神出巡，为《启跸图》。从北墙正中向西延伸，西壁绘泰山神回宫，为《回銮图》。两图各长 31 米，高 3.3 米。《启跸回銮图》描绘的场面十分宏大，人物众多（691人），构思精密，系道教绘画杰作。

三大殿

① 陶莉：《岱庙碑刻研究》，齐鲁书社 2015 年版，第 175 页。
② 陶莉：《岱庙碑刻研究》，齐鲁书社 2015 年版，第 168 页。《清康熙重修岱庙记碑》铭文是研究岱庙的重要史料。

《启跸回銮图》当系康熙年间地震后重建天贶殿时摹画宋图的还原性作品。还原过程中，难免会有所改造，有些地方改用新的技法使之成为新的成分，如透视法的运用。

《启跸回銮图》（局部）焦点透视法的运用①

天贶殿壁画②

---

① 张朋川：《泰山岱庙道教壁画的制作年代和艺术发展源流》，《艺术百家》2012年第5期，第132页。

② 泰安市博物馆编，柳建新等摄：《岱庙》，山东美术出版社2008年版，第17页。

《启跸图》（局部）之十八学士①

天贶殿及其台基②

① 逯凤华:《〈泰山神启跸回銮图〉与国家礼乐》,《中华文化画报》2008年第4期,第97页。

② 楼庆西:《中国古建筑二十讲》,生活·读书·新知三联书店2004年版,第82页。

从岱庙坊一直走到天贶殿，有人看汉柏唐槐，有人看碑文书法，有人考刻石铭文，有人找建筑精华……无论是考古、研究、凭吊，还是来感受历史的气息，都会有所得、有所感、有所悟。中国古代有儒释（佛）道三教。儒教入世，修身齐家治国平天下，追求的是成圣；佛教超世，无欲无我六根清净，追求的是成佛；道教出世，清静无为见素抱朴，追求的是成仙。天贶殿是道家宫观，到这里来，应该能捕捉点"仙气"。

谁也不会相信，我爱泰山是从岱庙引起的。岱庙是中国三大建筑群之一，北京故宫有山（景山）少林，曲阜孔庙，有林无山，而岱庙呢？有山有林，而且山是泰山，是五岳之首，自然更添上了它的景色与地位了。因此，过去祭祀泰山在岱庙，游泰山自岱庙始，良有以也。①

徘徊在古碑苍松之间，顿忘人世之有灯红酒绿繁华的俗境。清幽的怀抱中，沉思、遐想、怀古等的情绪，很自然地会产生了出来，天际的阳光斜于柏林与丰碑间，发生出奇妙的光照变化，尤其在清晨傍晚。斜射的侧影，形形散影在地上，仰首蓝天下的天贶殿便照眼在身前。虽然同样白石台基，红柱黄瓦，在其他的地方都没有天贶殿美，因为殿前的古柏林与遥远衬托着的泰山，谁也没有它的优越性。中国古代建筑在色彩上的配合可说太奇妙与科学了，红与绿对比，黄与蓝相和便成绿，所以看去便觉适眼，而白石台基正如美女的素裙，使一座大建筑不觉得沉重，有飘逸之感，无怪京昆剧中与士女画中的美人，没有不用淡色裙的，艺理一也。

…………

我小坐其间，仰视崇殿，平视月台上的游人，偶然飞过一群灰白鸽子，将蓝天点缀得太生动了，一会儿又小栖柏林间，真的雄伟

---

① 陈从周：《岱庙浅谈》，见蔡达峰、宋凡圣主编：《陈从周全集5·装修集录·岱庙》，江苏文艺出版社2013年版，第307页。

中寓恬静，忘我疲躯，飘飘然有出世之感。建筑之美如果孤独地没有树、云、鸟、影以及其他虚构的景色相配合，也显不出其奇妙。天贶殿能兼数长，不是单以雄伟二字可以概括的。[1]

三大殿

① 陈从周：《岱庙浅谈》，见蔡达峰、宋凡圣主编：《陈从周全集5·装修集录·岱庙》，江苏文艺出版社2013年版，第313页。

# 为什么不用石材

光绪三十年五月（1904年6月），康有为来到意大利罗马。看到二千年前的罗马古庙，至今残存，即使仅剩危墙坏壁，人皆爱护，而中国历来宫殿，却早已湮灭无迹，不禁为之感慨：

> （罗马）二千年之颓宫古庙，至今犹存者无数。危墙坏壁，都中相望。而都人累经万劫，争乱盗贼，经二千年，乃无有毁之者。
> …………
> 且我国宫室之不能垂久远也，更有一焉。吾游印度，其数千年之古堂旧塔，宏敞壮丽，多有存者，盖皆以石为之故也。盖埃及之王陵、古塔，雅典之庙，至今犹存，亦皆以石，人所共知也……
> 而我国宫室，自古皆用木为多。今之殿阁，皆以木为柱架结构，然后加砖瓦焉。盖以木为主，而砖瓦为从，仍未去三千年前堂构之义。构者，用木架结成之谓也。夫木者易火烧，光绪十五年吾在京师，目睹太和门、祈年殿之灾。此二大宫皆在明初，于今五百年矣，柱材宏巨，大过合抱。今新购者，一柱数万，当时可想。一星之火，数百年之古殿巍构，付之虚无。以诸史考之，城市殿阁寺庙之被火，不绝于书。[1]

中国木构建筑主要使用木材，西方石构建筑主要使用石材。木材质

---

[1] 康有为：《欧洲十一国游记二种》，岳麓书社1985年版，第115—117页。

地较软，易于加工，构建房屋灵活快捷，取材也较为方便。但木材有着天然不足，怕水怕潮怕火，怕虫蛀鼠啮，密度与硬度均不及石材，承重有限，建筑适宜平铺而不宜向高发展，且使用寿命较短。石材没有木材的那些天然不足，但石材加工难度大，构建房屋周期长，取材相对困难。由于石材密度高，坚硬而耐侵蚀，能够承受巨大压力，因此石构建筑可以向高伸展，且使用寿命较长。

德国莱茵河畔科隆大教堂①

科隆大教堂是德国最大的天主教堂，建筑面积6000平方米，双塔尖高157米，内部中央穹顶高43米，石构建筑，用石40万吨。1248年始建，1880年10月完工，历时632年。教堂显然不是为人类居住而建造的。

① 紫图大师图典丛书编辑部编：《世界不朽建筑大图典》，陕西师范大学出版社2003年版，第182页。

为什么不用石材

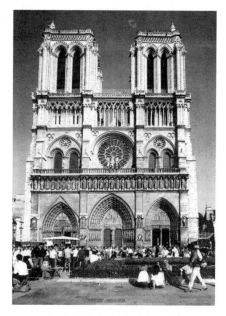

未遇火灾前的巴黎圣母院①

法国巴黎圣母院始建于1163年，1345年正式竣工，历时183年。巴黎圣母院建筑面积5500平方米，总高130米，正殿高35米。当地时间2019年4月15日临近傍晚时，巴黎圣母院发生火灾，虽主体结构未损，但其他部分损毁严重。

奥地利维也纳西南部的申布伦宫（又称"美泉宫"）②

① 纪江红主编：《典藏世界名胜》（上卷），北京出版社2004年版，第80页。
② 纪江红主编：《典藏世界名胜》（下卷），北京出版社2004年版，第254页。

坐落在奥地利维也纳西南部的皇宫申布伦宫（又名"美泉宫"），始建于1696年，1730年基本落成，其后继续改造、扩建，至1780年全部完工。面积2.6万平方米，有各类厅室1441间。

科隆大教堂与巴黎圣母院是教堂，为神以及人的灵魂而建造，反映出当地人的宗教执着与宗教信仰。至于现实的人类居室，大多数还是砖木结构，建造简朴，未以"永久性"为建筑目标。

申布伦宫系皇室居住的地方，1696年开始动工，1700年中央部分即已完工，1730年主体基本告成。30多年有如此大规模的建设，其速度还是很快的。

中国的皇宫紫禁城，1406年开始备料，1417年开始动工，1420年竣工，建筑面积达15万平方米。从备料到完工，历时15年，真正的施工期仅4年。

目前中国所能见到的最早建筑，有山西五台县城西南的南禅寺大殿，以及山西五台山佛光寺东大殿等为数不多的几处建筑。

位于山西省五台县西南22公里李家庄南禅寺大殿①

---

① 如常主编:《世界佛教美术图说大辞典 建筑1》,佛光山宗委会2013年版,第152页。

山西五台山佛光寺东大殿远景①

山西五台山佛光寺东大殿②

南禅寺大殿始建年代不详，重建年代为唐建中三年（782年），距今一千二百多年。佛光寺东大殿建于唐大中十一年（857年），距今一千一

_____

① 如常主编：《世界佛教美术图说大辞典 建筑1》，佛光山宗委会2013年版，第146页。

② 李乾朗：《穿墙透壁：剖视中国经典古建筑》，广西师范大学出版社2009年版，第26页。

百多年。能够遗存至今的千年古建筑，在中国已极为罕见。

为什么中国古代建筑不采用石材？梁思成认为：

一、属于结构取法及发展方面之特征，有以下可注意者四点：
…………

7.用石方法之失败　中国建筑数千年来，始终以木为主要构材，砖石常居辅材之位，故重要工程，以石营建者较少。究其原因有二：

（1）匠人对于石质力学缺乏了解。盖石性强于压力，而张力曲力弹力至弱，与木性相反，我国古来虽不乏善于用石之哲匠，如隋安济桥之建造者李春，然而通常石匠用石之法，如各地石牌坊、石勾栏等所见，大多凿石为卯榫，使其构合如木，而不知利用其压力而垒砌之，故此类石建之崩坏者最多。（2）垫灰之恶劣。中国石匠既未能尽量利用石性之强点而避免其弱点，故对于垫灰问题，数千年来，尚无设法予以解决之努力。垫灰材料多以石灰为主，然其使用，仅取其粘凝性；以为木作用胶之替代，而不知垫灰之主要功用，乃在于两石缝间垫以富于粘性而坚固耐压之垫物，使两石面完全接触以避免因支点不匀而发生之破裂。故通常以结晶粗沙粒与石灰混合之原则，在我国则始终未能发明应用。古希腊罗马对于此方面均早已认识。希腊匠师竟有不惜工力，将石之每面磨成绝对平面，使之全面接触，以避免支点不匀之弊者；罗马工师则大刀阔斧，以大量富于粘性而坚固之垫灰垫托，且更进而用为混凝土，以供应其大量之建筑事业，是故有其特有之建筑形制之产生。反之，我国建筑之注重木材，不谙石性，亦互为因果而产生现有现象者也。

二、属于环境思想方面，与其它建筑之历史背景迥然不同者，至少有以下可注意者四：

（一）不求原物长存之观念　此建筑系统之寿命……不着意于原物长存之观念。盖中国自始即未有如古埃及刻意求永久不灭之工程……如失慎焚毁亦视为灾异天谴，非材料工程之过。此种见解习惯之深，乃有以下之结果：1.满足于木材之沿用，达数千年；顺序发展木造精到之方法，而不深究砖石之代替及应用。2.修葺原物之风，远不及重建之盛；历代增修拆建，素不重原物之保存，唯珍其旧址及其创建年代而已。唯坟墓工程，则古来确甚着意于巩固永保之观念，然隐于地底之砖券室，与立于地面之木构殿堂，其原则互异，墓室间或以砖石模仿地面结构之若干部分，地面之殿堂结构，则除少数之例外，并未因砖券应用于墓室之经验，致改变中国建筑木构主体改用砖石叠砌之制也。

（二）建筑活动受道德观念之制裁　古代统治阶级崇向俭德，而其建置，皆征发民役经营，故以建筑为劳民害农之事，坛社宗庙，城阙朝市，虽尊为宗法，仪礼，制度之依归，而宫馆，台榭，第宅，园林，则抑为君王骄奢，臣民侈僭之征兆。古史记载或不美其事，或不详其实，恒因其奢侈逾制始略举以警后世，示其"非礼"；其记述非为叙述建筑形状方法而作也。此种尚俭德，诎巧丽营建之风，加以阶级等第严格之规定，遂使建筑活动以节约单纯为是。崇伟新巧之作，既受限制，匠作之活跃进展，乃受若干影响。古代建筑记载之简缺亦有此特殊原因；史书各志，有舆服食货等，建筑仅附载而已。

（三）着重布置之规制　古之政治尚典章制度，至儒教兴盛，尤重礼仪……结构所产生立体形貌之感人处，则多见于文章诗赋之赞颂中。中国诗画之意境，与建筑艺术显有密切之关系，但此艺术之旨趣，固未尝如规制部署等第等之为史家所重也。

（四）建筑之术，师徒传授，不重书籍　建筑在我国素称匠学，非士大夫之事。盖建筑之术，已臻繁复，非受实际训练，毕生役其事者，无能为力，非若其它文艺，为士人子弟茶余酒后所得而兼也。然匠人每暗于文字，故赖口授实习，传其衣钵，而不重书籍。数千年来古籍中，传世术书，惟宋清两朝官刊各一部耳。此类术书编纂之动机，盖因各家匠法不免分歧，功限料例，漫无准则，故制为皇室官府营造标准。然术书专偏，士人不解，匠人又困于文字之难，术语日久失用，造法亦渐不解，其书乃为后世之谜。对于营造之学作艺术或历史之全盘记述，如画学之《历代名画记》或《宣和画谱》之作，则未有也。[①]

由于"不谙石性"，无论是工匠还是居住者，对拱券式地面建筑，有一种压抑的不安全感。木构建筑有着较好的抗震性能，这也使得人们对非木构建筑产生了排斥心理。

木构建筑不便于升高，却宜于平铺。平铺的效果是含蓄凝重而不膨胀张扬。由于各种艺术形式的具备（如曲线屋顶、飞檐以及物体色彩），建筑物与周围环境十分谐调，且在中国，"天人合一"观念早已深入人心，木构建筑当然是最佳选择。另外，建筑上的中庸思想，也要求建筑要适度，不走向偏激：

高台多阳，广室多阴，远天地之和也，故圣人弗为，适中而已矣。[②]

倘若背离中庸思想，抛开传统的、已经被人接受的建筑形式，而走向新的、异样的拱券石构建筑，无论是就生活习俗、审美取向还是文化心理而言，都无法被人们所接受。

中国传统建筑千年一貌，形制上因循守旧，实用功能有很大欠缺（如卫生设施等）却一直未能改进，这与口传身授的师徒工艺传承方式、建筑设计不能"离经叛道"的观念、对外借鉴的闭塞与狭隘以及科学技术的发展落后有很大的关系。

石材比木材坚固耐久，但若耗时几十年甚至几百年的时间来建造宫殿，这在中国是不可思议的。实用功能方面的欠缺，主要因建筑领域囿

为什么不用石材

① 梁思成：《中国建筑史》，百花文艺出版社1998年版，第13—21页。

② （清）苏舆撰，钟哲点校：《春秋繁露义证》，中华书局1992年版，第449页。

于成见，不知道满足需求还有更佳的方式。人们对方便快捷、安全可靠、赏心悦目的追求，则是中国古代建筑安于传统的主要原因。

始建于明朝的广州镇海楼全景①

20世纪初期德国建筑师恩斯特·柏石曼拍摄的广州镇海楼②

①［意］马里奥·布萨利著，单军、赵焱译：《东方建筑》，中国建筑工业出版社1999年版，第312页。镇海楼高28米。中国现存最高的古代木结构建筑，是始建于1056年的山西朔州应县木塔，中国文化遗产研究院2011年4月测得该塔高度为65.84米。

②《近世中国影像资料》编委会主编：《〈近世中国影像资料〉第一辑》第8册，黄山书社2013年版，第121页。

# 古代建筑与风水

宋代大儒朱熹十分钦佩隋文帝杨坚。杨坚的皇后去世后，杨坚令大臣萧吉为皇后选择墓地。萧吉相地后，画好了图奏呈皇上。杨坚说：

> 吉凶由人，不在于地。高纬父葬，岂不卜乎？国寻灭亡。正如我家墓田，若云不吉，朕不当为天子；若云不凶，我弟不当战没。①

但后来杨坚还是采纳了萧吉的建议。

宋人邵博曾讲述了这样一件事：

> 嘉祐中，将修东华门。太史言："太岁在东，不可犯。"仁皇帝批其奏曰："东家之西，乃西家之东。西家之东，乃东家之西。太岁果何在？其兴工勿忌。"②

"太岁"是古人为了纪年而假设的一个星座，又名"摄提""太阴"等，在天上运行十二年为一个周期。按照风水家的说法，太岁是不可冒犯的。但宋仁宗不信这套说辞。

---

① （唐）魏征：《隋书》，中华书局2000年版，第1193页。

② （宋）邵博撰，刘德权、李剑雄点校：《邵氏闻见后录》，中华书局1983年版，第4—5页。

明朝冯梦龙也讲过一件与风水有关的故事：

> 徐孺子，南昌人，十一岁与太原郭林宗游。同稚还家，林宗庭中有一树，欲伐去之，云："为宅之法，正如方口。'口'中有'木'，'困'字不祥。"徐曰："为宅之法，正如方口。'口'中有'人'，'囚'字何殊？"郭无以难。①

著名英国学者李约瑟一方面赞叹"风水"导引了中国建筑与环境的谐调，另一方面却视"风水"为"伪科学"：

> "风水"在很多方面都给中国人带来了好处，比如它要求植竹种树以防风，以及强调住所附近流水的价值。但另外一些方面，它又发展成为一种粗鄙的迷信体系。不过，总的看来，我认为它体现了一种显著的审美成分，它说明了中国各地那么多的田园、住宅和村庄所在地何以优美无比。②
>
> 现代学者对堪舆（风水）这门影响深远的伪科学虽比对星占给予了较多的注意，但仍没有给予它所应得的重视，后面我们将了解到它与磁罗盘发现的重大关系。查特利［Chatley］对堪舆下了一个很好的定义，说它是"调整生人住所和死人住所，使之适合和协调于当地宇宙呼吸气流的方术"。③
>
> 我们现在将看到，尽管堪舆术本身当然始终是一种伪科学，但它却是我们关于地磁知识的真正来源，正如占星学是天文学以及炼

---

① （明）冯梦龙编著，栾保群点校：《古今谭概》，中华书局2007年版，第309页。
② ［英］李约瑟著，王铃协助：《中国科学技术史.第二卷.科学思想史》，科学出版社、上海古籍出版社1990年版，第388—390页。
③ ［英］李约瑟著，王铃协助：《中国科学技术史.第二卷.科学思想史》，科学出版社、上海古籍出版社1990年版，第386页。

丹术是化学的真正来源一样。①

李约瑟曾经讲过，（卜算）"这是有待进行历史研究的另一门准科学"②，他还曾经提到徐霞客，说为徐霞客写传记的人都认为徐霞客"根本不相信什么风水"③。

1992年，王其亨主编的《风水理论研究》出版，对风水再认识的讨论又一次被掀起。不少人认为，尽管风水中有着大量荒诞迷信的东西，但从根本上看，风水学与现代环境景观学、建筑生态学、地球物理学以及天文学相契合，是一种综合类自然科学。

> 天文学、地理学和人体科学是中国风水学的三大科学支柱。天、地、人合一是中国风水学的最高原则。中国古代科学家仰观天文，俯察地理，近取诸身，远取诸物，经上下五千年的实践、研究、归纳和感悟，形成了著称于世的东方科学——中国风水学。④

如此看来，古代的风水师其实算是"科学家"。

2010年，福建科学技术出版社出版了王炜、陈丽芳编著的《风水多蒙人》，该书一方面认为：

> "风水"术与地理学、建筑学等有密切的关系，如果剔除其封建迷信的成分，那些科学的东西，还是值得研究和借鉴的。⑤

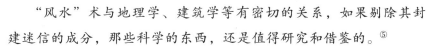

① [英]李约瑟著，陆学善等译：《中国科学技术史.第四卷,物理学及相关技术.第一分册.物理学》，科学出版社、上海古籍出版社2003年版，第277页。

② [英]李约瑟著，《中国科学技术史》翻译小组译：《中国科学技术史.第三卷.数学》，科学出版社1978年版，第10页。李约瑟这里主要指卜算中排列组合的独特算法。

③ [英]李约瑟著，《中国科学技术史》翻译小组译：《中国科学技术史.第五卷.地学》，科学出版社1976年版，第62页。

④ 刘革学编著：《吉位佳运——中国风水文化解读》，学苑音像出版社2005年版，第36—37页。

⑤ 王炜、陈丽芳编著：《风水多蒙人》，福建科学技术出版社2010年版，第3页。

另一方面也指出：

> 古时候的"堪舆家"，也就是现在所说的"风水"先生，是专门宣扬唯心主义宿命论的迷信者。①

观点的是与否姑且不论，仅就案例举证来说，该书较为空泛，多处论述仅是蜻蜓点水。书中有一节谈罗盘，标题很好：《罗盘：要魔术的工具》，魔术是怎么要的，要了哪些魔术？没有例证，难免显得空泛而无理据。

风水究竟是科学，还是迷信？

> 认定风水是糟粕的，代表人物是所谓的"反伪科学专家"方舟子先生。他在博客中写道，"我并不想否认在风水术中暗包含着某些由生活经验积累下来的合理因素，例如风水所谓'左青龙右白虎'，原本是要以'坐北朝南'达到冬暖夏凉的目的。但是人们'看风水'的主要目的并不是为了居家的舒适自在，而是认为住宅、墓地的风水好坏可以影响居住者及其子孙的吉凶祸福。因此，即便风水的内容不完全是迷信，其总体上、实质上也是迷信。"

> 但方舟子的话，却激怒了风水研究专家。南京师范大学物理学教授张栋杰就坚持认为，"风水科学方面，包含电磁场跟生态的一种影响。"南京艺术学院教授盛晋也说，"完美的设计师，应具备将风水理念转换为设计元素的能力。"当然反击语气最火爆的，是天津大学建筑系博士生导师王其亨，他老人家刊登在《江南时报》（徐韶杉说风水专栏）上的原文如下，"你打风水，猪，你能把这个打掉！罗盘还是风水师发明的，中国的四大发明之一。"

> 新华社的相关评论显得较为理性，评论说，"中国风水学中有不少科学的内涵。晋代编著的风水书籍《葬书》中，就有关于水汽

---

① 王炜、陈丽芳编著：《风水多蒙人》，福建科学技术出版社2010年版，第2页。

循环的理论，与现代地理学中论述大气循环的理论一样，这部分就是所谓科学的成分；而风水学中'五音图宅说'，即依照人的姓氏选择住房，就被批评为是错误言论。哪些是科学、哪些是文化、哪些是迷信，如果去区分它，关键区分者自身要有科学而非迷信的头脑。"实际上，国内对风水的研究与应用从来没有间断过。从20世纪80年代起，国内就出了不少有关风水的书，其中包括博士论文和研究课题。有研究者指出，风水论战的背后并不那么简单。风水学的表述方式，其实就是中国传统文化的表述方式——往往是科学因素和非科学因素并存，而科学因素，又往往是通过玄学的方式表达出来。进一步说，一套传统的理论体系当中，有多少是科学暂时不能解释的，有多少是纯粹的胡说，又是一个更难界定的问题。当人们试图去争辩风水是对是错的时候，本质上，是试图用现代科学的思维方式，去解构中国传统的"玄学哲学"体系——而且风水论战绝非个例，我们还看到了中医论战，国学论战等等。这些论战其实都是围绕这一个核心问题：如何看待中国的传统文化。①

由于风水与中国古代建筑如影随形，笔者因此对风水作出简单介绍。风水中有一些基础内容与现代科学理论是吻合的，但在很多方面，风水学说玄虚荒诞，难以使人认同，尽管现在有很多人为它找出了各种各样的"科学"依据。

## 风水释义

晋代郭璞在《葬书》中说：

> 气乘风则散，界水则止，古人聚之使不散，行之使有止，故谓

---

① 刘劲松：《从"风水"激辩再论现代"科玄之争"——对传统文化现代建构的思考》，《中国商界》(上半月)2010年第3期，第187页。

之风水。风水之法，得水为上，藏风次之。①

署名为汉代青乌子所著《青乌先生葬经》，亦曾论及风水。《青乌先生葬经》纯系伪作，实际成篇当在郭璞《葬书》之后。

"气"是风水学说中的核心概念。现代某些研究者认为，"气"可意会而难以言传，从现代科学角度看，"气"是物质的最基本单位，是能量、是微波、是粒子，或者说是一种"虚物质"②。气的存在，受风与水的影响，气可以被风吹走，若遇到水的边界，气会被水面的空气对流拦阻而不再飘散。一个理想的环境，应当能够藏风，风不会像大漠或旷野的狂风呼啸而过，而应是一种相对"温柔"的吹拂状态。这种藏风得水以聚气的环境抉择，就叫作风水。与藏风相比，拥有水源更为重要。

风水又名堪舆。《淮南鸿烈集解·天文训》：

> 堪舆徐行，雄以音知雌，○陶方琦云：《文选·扬雄〈甘泉赋〉》注、《汉书·艺文志》注、《后汉书·王景传》注引许注："堪，天道也。舆，地道也。"按：高无注，《扬雄传》张晏注曰："堪舆，天地总名也。"③

清儒朱骏声《说文通训定声》"堪"字注：

> 《淮南·天文》"堪舆徐行，雄以音知雌。"许君注："堪，天

---

① （晋）郭璞：《葬书》，见《文渊阁四库全书》子部第808册，第14—15页。《葬书》是否为郭璞著，学术界有不同看法。

② 强锋编著：《建筑风水学研究》，华龄出版社2012年版，第212页："古代的'气'就是现代科学所言之'虚物质'，是波、是场、虚粒子。'气场'即是现代科学的'虚物质能量场'。"有人认为，这种所谓的"气"是不存在的。

③ 刘文典撰，冯逸、乔华点校：《淮南鸿烈集解》，中华书局1989年版，第125页。按，《淮南鸿烈》即《淮南子》，本名《鸿烈》。

道。舆，地道。"盖堪为高处，舆为下处，天高地下之义也。①

　　堪舆用以究天地之间阴阳之变化，最初用于占卜吉凶，后来也用于地形等方面的地理勘察，与建筑营造有了密切关系。秦汉时期的风水操作，称为"堪舆"；三国以后，"风水"一词兴起；唐宋后，"风水"词语大行；至近代，"堪舆"从民间口语中淡出。

　　风水操作，谓之风水术。风水思想及理论，谓之风水学。民间对风水学、风水术及风水活动等概念从不进行语义甄别，一概统称为风水，"浑言不别"也不会引发交际误解。

　　风水的覆盖面很广，最主要的活动是"相宅"。相，察看。宅，住宅。生者居所为阳宅，死者居所为阴宅。陵寝、墓穴乃至陵区等，均属阴宅。本书关于风水的介绍，仅涉及阳宅。

　　相宅涉及的方面很多：气候、地形地势、水土品质、人体状况、环境生态、物产交通、空间规划、建筑布局等。各种情况都达到风水的要求，该地即"风水宝地"，适宜人类居住；若达不到风水的最低要求，就是"劣地"，不适宜人类生活；最坏的地方是"煞地"，招灾致祸。

　　村落、城邑乃至个人居所的建设选址、空间设计、环境布置以及需要的补救措施，要由风水师从宏观到微观做认真仔细的勘察、甄别、规划，最后再得出结论。

　　不少人认为，真正的风水师要有深厚的经验积累以及多方面的知识。然而古往今来，风水师中有不少江湖术士，风水也因此歪邪了许多。

---

① （清）朱骏声撰：《说文通训定声》，武汉市古籍书店1983年影印本，第87页。

晚清时的一幅选择宅址的图画①

　　反对风水的人，认为风水中所谓的"气"是不存在的，风水纯粹是
一种迷信，是中国传统文化中的糟粕：

　　　　所谓"风水"其核心是"气"。气乘风而散开，遇水则止住不
动。"气"绝不是自然界的空气，是一种超自然的、神秘莫测、无
法认知的东西。古人有一个观念，认为万物因气聚而生。风水说是
讲究"气"聚之于宅基或坟墓之中，便决定宅主和家人以至后代的
祸福，决定他们的人生道路与命运。至于由谁来断定"气"的
"聚"和"散"，恐怕只有靠神仙了。历来风水先生都是这类"神
仙"。讲究风水的核心是靠风水先生的指点，使住进新宅的活人和

_____

　　① [英]李约瑟著，王铃协助：《中国科学技术史.第二卷.科学思想史》，科学出版社、
上海古籍出版社1990年版，第389页："画中堪舆家正在察看磁罗盘。采自《钦定书经图
说·召诰》。使用磁罗盘的事被绘入周代文字的插图中，当然是一种年代学上的错误。"

葬入新坟的死者避祸得福，招财进宝，安然无恙。离开这一条，没有风水可言。问题是如此清晰，正本清源，讲究风水是一种唯心的、提倡神道的迷信活动。风水之说是传统文化中的糟粕，应当旗帜鲜明地、毫不留情地扬弃。[1]

对风水的评判，存在着激烈的争辩。现在大多数研究者认为，风水中有人类生存经验的积累，也有着大量荒诞的迷信内容。

## 风水内容

晋代陶渊明为了表达自己的生活理想，在《桃花源记》中描绘了一个令人神往的境地：

> 晋太元中，武陵人捕鱼为业。缘溪行，忘路之远近。忽逢桃花林，夹岸数百步，中无杂树，芳草鲜美，落英缤纷。渔人甚异之，复前行，欲穷其林。
>
> 林尽水源，便得一山，山有小口，仿佛若有光。便舍船，从口入。初极狭，才通人。复行数十步，豁然开朗。土地平旷，屋舍俨然，有良田、美池、桑竹之属。阡陌交通，鸡犬相闻。其中往来种作，男女衣着，悉如外人。黄发垂髫，并怡然自乐。

桃花源青山绿水，山环水抱，负阴抱阳，景色宜人。此类区域，恰恰是风水标称的宝地。

风水理论认为，人类理想的生活环境，应当是"左青龙，右白虎，前朱雀，后玄武"。

前、后、左、右，讲的是方向。古代的朝向，与现代不同：

---

① 陈祖甲：《风水——传统文化中的糟粕》，《科学与无神论》2005年第4期，第7页。

古代面向南,因此前南后北、左东右西。

青龙、白虎、朱雀、玄武,本是天上星座名:

> 苍龙、白虎、朱雀、玄武,天之四灵,以正四方,王者制宫阙殿阁取法焉。①

四种动物,称为"四灵""四神""四兽""四象",用来指称四方星宿,在风水中则借以指四方之山。下面是四灵属性匹配表②:

| 左 | 东 | 青龙 | 山、河 | 高 | 春 | 生机勃勃 |
|---|---|---|---|---|---|---|
| 右 | 西 | 白虎 | 山、路 | 低 | 秋 | 肃杀之气 |
| 前 | 南 | 朱雀 | 山、水 | 低 | 夏 | 雀鸟活跃 |
| 后 | 北 | 玄武 | 山 | 高 | 冬 | 大龟静敛 |

青龙、白虎、朱雀、玄武,代表四种山脉及其形势:

> 左为青龙,右为白虎,前为朱雀,后为玄武。玄武垂头,朱雀翔舞,青龙蜿蜒,白虎驯俯。③

东面(左),山脉、水脉均为青龙,其势蜿蜒。西面(右),山脉、道路均称白虎,形如白虎俯卧。南面(前),山或水(湖泊溪流水塘)均称朱雀,状如来朝雀舞。北面(后),山脉应如巨龟静伏,可御风寒。若无山,则应有河、路、水。四灵俱备,宝地;有三灵,吉地;有二灵,中地;仅有一灵,凡地;四灵俱无,劣地;穷山恶水,煞地。下面的图,须注意朝向:

---

① 陈直校证:《三辅黄图校证》,陕西人民出版社1980年版,第56页。
② 本书图、表,凡未标注出处的,均为笔者绘制,以下不再申明。
③ (晋)郭璞:《葬书》,见《文渊阁四库全书》子部第808册,第29页。

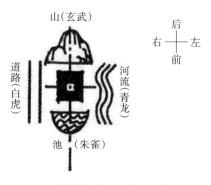

青龙白虎，朱雀玄武①

被誉为堪舆典范之作的《阳宅十书》谈到以水为龙、以路为虎：

> 凡宅左有流水，谓之青龙；右有长道，谓之白虎；前有污池，谓之朱雀；后有丘陵，谓之玄武，为最贵地。②

地处平原，无山则视地势高下起伏，高一寸为山。若有水流，水即青龙。无论在哪里，水最重要，得水为上。

风水师相宅（这里仅介绍阳宅）、考察环境，通常要：

1. 觅龙。山脉即龙。觅龙就是考察主要山脉的蜿蜒走向，称之为"寻龙捉脉"。

2. 察砂。细碎石曰砂。风水中的"砂"，指四周小山，具体指青龙、白虎、朱雀、玄武，称"四神砂"。察砂即察看"四神砂"之优劣。

3. 观水。此为关键。是否有水源，水质如何，水的来向与去向。水流的入口处与出口处，称为水口。水的入口宜大，出口宜小，常年不枯竭。水流忌直来直去，曲绕为上。

4. 点穴。经过上述勘察，最后要"点穴"。穴又称龙穴。在村落城

---

① 尚廓：《中国风水格局的构成、生态环境与景观》，详见王其亨主编：《风水理论研究》，天津大学出版社1992年版，第27页。

② (明)王君荣：《阳宅十书》，见《古今图书集成·博物汇编·艺术典》卷675，中华书局1934年版，第35页。

邑建设区域的核心凿个探井（用来察验土质、水质），名曰"金井"，金井即穴位，点穴就是确定金井的位置。金井是聚气之中心。点穴最难，讲究繁多。实际上，不少风水师选址，找不到穴位，"穴"往往用来代称吉地的核心区域，也就是所谓的穴区，挖金井自然也就免去了。关于金井，可参阅本书"风水影响"中关于山西平遥古城的介绍。

风水讲的就是藏风得水。风水吉地，以现代科学观点看，也确是人类宜居之地。北有高山御寒风，南有日照送暖意，东西山峦护卫，前方流水潺潺，一个负阴抱阳藏风聚气的格局，称之为风水宝地毫不为过。把风水师看作建筑规划的设计师，亦非夸饰。

在无山的平原，河流为青龙，道路为白虎，水池（水塘溪流湖泊）为朱雀，丘陵（或高处）为玄武。至于案山、朝山，高一寸为山，田埂亦可视为山。

德国建筑师恩斯特·伯施曼（Ernst Boerschmann，1873-1949）从建筑学角度，讲述了他对中国风水的看法：

> （风水）这个著名的定义字面意思是风和水，而广义上则是表明了与周围自然环境的关系，表明了自然景观对于建筑美和建筑使用者自身幸福的影响。[1]

## 风水影响

风水对中国古代建筑的影响极大，下面将以北京、安徽黟县宏村以及山西平遥古城为例，讲述风水的影响。某些引文仅是为了使读者更好地了解古建筑与风水的关系，并不代表笔者也认可该文作者的某些观点。至于哪些地方是科学的，哪些地方是迷信的，读者可自行思考。

---

[1] ［德］恩斯特·伯施曼著，段芸译：《中国的建筑与景观（1906—1909年）》，中国建筑工业出版社2009年版，前言第6页。

## 一、北京

北京，历史悠久的名城。

不同时期，北京有不同的称谓：

蓟　　　　　春秋战国

燕都　　　　战国燕国都城

幽州　　　　汉至唐（今北京一带）

燕京　　　　唐

燕京、南京　辽

中都　　　　金（今北京西南）

大都　　　　元

北平　　　　明朱元璋时期

北京　　　　明成祖朱棣时期

京师　　　　明成祖于永乐十八年（1420年）后至清代

北平　　　　民国时期（1928—1949.9）

北京　　　　中华人民共和国

很多人熟悉一则荡气回肠的故事：

> 太子及宾客知其事者，皆白衣冠以送之。至易水上，既祖，取道。高渐离击筑，荆轲和而歌，为变徵之声，士皆垂泪涕泣。又前而为歌曰："风萧萧兮易水寒，壮士一去兮不复还！"复为慷慨羽声，士皆瞋目，发尽上指冠。于是荆轲遂就车而去，终已不顾。①

这是公元前227年燕太子丹易水（在今河北易县）河畔送别荆轲的故事。当年燕国的都城，就是今天的北京。

唐代陈子昂有一首千古绝唱：

古代建筑与风水

① （西汉）刘向集录：《战国策·燕三》，上海古籍出版社1985年版，第1137页。

## 登幽州台歌

前不见古人，后不见来者。

念天地之悠悠，独怆然而涕下。

幽州台故址，在今北京市大兴区内。

在历代堪舆家眼中，北京是形胜之地。

宋儒朱熹，既是理学大师，又是著名堪舆大家。他评说北京风水：

> 冀都（按：北京）是正天地中间，好个风水。山脉从云中（按：内蒙古托克托县）发来，云中正高脊处。自脊以西之水，则西流入于龙门、西河；自脊以东之水，则东流入于海。前面一条黄河环绕，右畔是华山耸立，为虎。自华来至中，为嵩山，是为前案。遂过去为泰山，耸于左，是为龙。淮南诸山是第二重案。江南诸山及五岭，又为第三、四重案。①

明代徐善继、徐善述兄弟俩所著风水权威著作《地理人子须知》中说：

> 此皆以风水之美言之也。若以形胜论，则幽、燕自昔称雄，左环沧海，右拥太行，南襟河济，北枕居庸……杨文敏（按：杨荣，谥号文敏）谓西接太行，东临碣石，巨野亘其南，居庸控其北，势拔地以峥嵘，气摩空而崴屴（zè lì）。又云：燕冀内跨中原，外控朔漠，真天下都会。桂文襄公（按：桂萼，谥文襄）谓形胜甲天下，扆（yǐ）山带海，有金汤之固。②

---

① （宋）朱熹撰：《朱子语类》，见朱杰人等主编：《朱子全书》第14册，上海古籍出版社、安徽教育出版社2002年版，第148页。

② （明）徐善继、（明）徐善述著，郑同编校：《绘图地理人子须知》，华龄出版社2011年版，第16页。

风水以得水为上，清人吴长元明确指出北京的水脉：

北京青龙水为白河，出密云，南流至通州城。白虎水为玉河，出玉泉山，经大内，出都城，注通惠河，与白河合。朱雀水为卢沟河，出大同桑干，入宛平界。元武（按：即玄武）水为湿余，高梁、黄花、镇川、榆河，俱绕京师之北，而东与白河合。[①]

北京西面有西山（属太行山脉），北面有军都山（属燕山山脉），东北面有燕山，三面群山拱卫。南面有永定河，山环水绕，形成一个大的风水格局。

然而，再好的风水也经不起战乱的摧残。金末的北京，一片凋敝景象：

可怜一片繁华地，空见春风长绿蒿。[②]

元至元元年（1264年），元世祖忽必烈定都北京，开始修建琼华岛。至元四年(1267年)，开始营建新都城。至元九年（1272年），忽必烈将新城命名为大都。至元十三年（1276年），大都城建完成。至元二十年（1283年），城内修建完成[③]。至此，大都城棋盘形格局形成，其宏美为当时世界之最。

1368年，朱元璋建立大明，将大都易名北平。1402年，明成祖朱棣即位。1403年，朱棣诏改北平为北京。1406年，开始营建北京。1420年，城建完成。永乐十九年（1421年），朱棣正式迁都北京。

朱棣命廖均卿等堪舆大家勘验风水，最后捉得天寿山为北京龙脉。

① (清)吴长元辑:《宸垣识略》,北京古籍出版社1982年版,第3页。

② (金末)魏璠:《燕城书事》,见任继愈主编:《中华传世文选·元文类》,吉林人民出版社1998年版,第379页。

③ 陈高华:《元大都》,北京出版社1982年版,第37页。

找到龙脉后，还必须将龙脉引入宫城，于是人工筑成万岁山（即景山），紫禁城就势依山而建。元大都玄武主山琼华岛沦为一景，与王气不再关联。为了尽除前朝王气，又将宫城中轴线东移，使元大都宫殿轴线落空。

故宫中轴线上的建筑：永定门—箭楼—正阳门—端门—午门—内金水桥—太和门—太和殿—中和殿—保和殿—乾清门—乾清宫—交泰殿—坤宁宫—坤宁门—天一门—银安殿—承光门—顺贞门—神武门—景山门—万春亭—寿皇门—寿皇殿—地安门—鼓楼、钟楼。

建筑轴线十五里，是世界之最，也体现洛书的方位常数十五之数。

在色彩上，反映"五行"思想。宫墙、殿柱用红色，红属火，属光明正大。屋顶用黄色，黄属土，属中央，皇帝必居中（从黄帝时代起）。皇宫东部屋顶用绿色，属东方木绿，属春。皇子居东部。皇城北部的天一门，墙色用黑，北方属水，为黑。单体建筑，也因性质而选色，藏书的文渊阁，用黑瓦、黑墙，黑为水，可克火，利于藏书。二层的文渊阁室内，上层为通间一大间，下层分隔为六间，体现"天一生水，地六成之"的《易经》思想。天安门至端门不栽树，意为南方属火，不宜加木，木生火在此不利于木结构的防灾。

建筑风水布局，还表现在名称上合于《易经》之理。南端的丽正门，合于离卦的卦辞"日月丽乎天"。顺承门、安贞门在北部后宫，合于坤卦"至哉坤元，万物滋生，乃顺承天""安贞之地，应地无疆"。皇帝的乾清宫，皇后坤宁宫，合于乾坤之义。

此外，在数理上，也要合于易理。易卦阳为九，又以第五爻为"飞龙在天"称得位。皇帝称为"九五之尊"（而尚未即位的称为"潜龙"）。在中轴线上的皇帝用房，都是阔九间，深五间。含九五之数。九龙壁、九龙椅、八十一个门钉（纵九、横九）、大屋顶五条脊、檐角兽饰九个。九龙壁面由270块组成（含九）：故宫角楼结构九梁十八柱。为此，明代洪武三十五年又明文规定军民房屋，不许九五间数。"九五"为皇帝专用，成为一种规定。故宫内总共房间数为9999.5间，亦隐喻"九五"之意。甚至在建筑细部装饰上，都处处含有风水布局，宫廷古建筑，高低错落，勾心斗角，为化解风水上的煞气，多取太极化解法（而很少用镇压法、反射法的暴逆制法）。如梁柱之间的雀替，梁枋上的彩画，多以S形曲线表现，此形是太极的阴阳分界线，是太极图形象的抽象简化，是风水学中常用的化煞法。符合"曲生吉，直生煞"的风水观念。故宫广用红色，红主火、主明，符合"光明正大"的寓意。也符合《易》理和风水原理。土地在易学堪舆理论上，泛论之，属于坤阴，土地上的建筑一般采取"阳数设计"，以求取阴阳平衡。"阳宅"观念，是中国建筑主要特征。中国建筑均为"间"为基本空间单元按奇数一字展开。如：三、五、七、九间等。皇帝乃"九五之尊"，易经卦象为"飞龙在天"，其大朝金殿必阔九间，深五间（排架）。古城故宫中唯一按偶数设计的特例是藏书楼文渊阁，开间为六，层数为二，底层六间，上层（二层）是一大通间，是象喻《易·河图》的"天一生水，地六成之"的寓意（其黑色瓦，又属坎水，利于防火藏书）。"阳数设计"理念，可溯源至东周时代，如《周礼·考工记》、《礼记》中都有明确规定："天子之堂九尺，大夫五尺，士三尺"等。从群体规划到建筑设计都必含有此等数理。甚至建筑构造细部做法亦如此。梁架排列、斗拱出挑、门窗设置，皆含奇数等差做法。[1]

古代建筑与风水

---

[1] 亢羽、亢亮：《北京城的风水》，《风景名胜》2002年第3期，第70—71页。

从北京中轴线上的景山万春亭俯瞰故宫全景①

　　除了紫禁城，北京还有很多名胜古迹。不少建筑都呈现出阴阳相对的格局。如太庙（阴）居左，社稷坛（阳）居右；月坛（阴）居东，日坛（阳）居西；地坛（阴）居北，天坛（阳）居南。19世纪后期，京都人士，喜欢游什刹海，清儒唐晏就曾说什刹海一带裙屐争趋，墨客云集②。京城之所以繁华，一个重要原因就在于京城乃帝王之都：

　　　　北京河山巩固、水甘土厚、民俗淳朴、物产丰富，诚天府之国、帝王之都也。③

## 二、安徽黟县宏村

　　如果说，陶渊明构建了一个可望而不可及的桃花源，那么，安徽黟县宏村则是人迹可至的小桃源。

　　南唐庐江诗人许坚曾诗赞宏村：

---

①《北京:藏风得水的帝都格局》,《华夏地理》2013年第2期。
②（清）震钧:《天咫偶闻》,北京古籍出版社1982年版,第85—86页。唐晏原名震钧。
③ "中央研究院"历史语言研究所校印:《明实录·明太宗实录》卷182,第1964—1965页。

**入黟吟**

黟邑小桃源，烟霞百里宽。地多灵草木，人尚古衣冠。市向晡时散，山经夜后寒。吏闲民讼简，秋菊露浼浼。[①]

清乾隆时期书画家汪士通在《雷岗山记》中说：

古黟僻野，代为群山环巡，一水中流，白云深笃，活水源头，竟与世人隔绝，古称小桃源也。[②]

雷岗山在宏村北，古称雷阜，系黄山余脉，海拔360多米，植被茂密，四季葱郁。

南宋时，汪氏族人遵先人嘱，认为雷岗山风水宜居，迁徙至雷岗南坡，建楼四幢，计十三间，自名"弘村"。清乾隆时，因避帝讳（爱新觉罗·弘历），更名为"宏村"。

之所以未择址于山下，盖因山下无成形大片陆地。

由于人口繁衍，十三间已无法满足居住需求。南宋德祐二年（1276年），在一次山洪暴发后，西溪改道，雷岗山下出现平坦大地。天遂人愿，汪氏一族决定迁居，开始在山下营建村落。

明永乐元年（1403年），汪氏七十六世祖汪思齐三请休宁风水师何可达勘察风水。何可达携两位高徒，并汪氏族中高人，遍阅山川，详审脉络，认定宏村可按牛形布局，同时找出村落中心，作出水系规划。

汪思齐时，宏村建设未能完成。后裔汪升平，倾其所有，募资再建，村落雏形终于告成。

古代建筑与风水

①《中国地方志集成·安徽府县志辑(56)》，江苏古籍出版社1998年版，第536页。

② 段进、揭明浩：《世界文化遗产宏村古村落空间解析》，东南大学出版社2009年版，第139页。

雷阜　　黄堆山

嘉庆《黟县志》中的宏村图①

　　宏村背靠雷岗，两侧有山，同时有水环绕，村西有丹阳驿道，通达外埠。汪思齐还发现村中有一天然泉眼，冬夏泉涌。宏村人依风水师何可达建议，以此泉为中心，将西溪水引入，于泉眼处开凿为塘。后裔汪升平继续施工，并完善村中水圳（即水渠）。塘为半月形，名"月沼"，俗称"月塘"。

　　月沼及水圳的完成，解决了村民用水问题。特别是月沼的完工，蓄起了"内阳水"，同时也成为宏村的一道景观。

　　100多年后，明万历三十五年（1607年），由村人汪奎元主倡，族长等十六人集资，全族老少勠力同心，奋战三年，在村南凿地数丈，开出近二万平方米弓形水塘，将月沼流水引入，名曰"南湖"，再将南湖出水引向西溪。从水圳入村，九曲十弯，水入月沼，再至南湖，一个造福子孙的完整活水系统至此形成。南湖成为"外阳水"，宏村风水格局得以完善。

　　族里规定，上午八点前水源用于饮用，所有洗浣用水只能在八点以后进行。

---

①《中国地方志集成·安徽府县志辑(56)》，江苏古籍出版社1998年版，第17页。笔者拼接图像，另做标注。

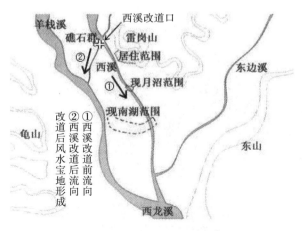

宏村西溪改道前后比较图①

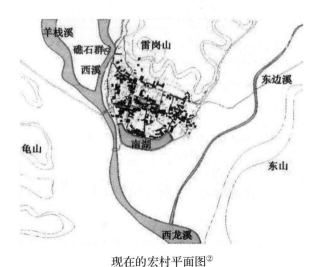

现在的宏村平面图②

① 依据段进、揭明浩:《世界文化遗产宏村古村落空间解析》,东南大学出版社 2009 年版,第 10 页插图改绘。

② 段进、揭明浩:《世界文化遗产宏村古村落空间解析》,东南大学出版社 2009 年版,第 14 页。

古代建筑与风水

宏村水圳图①

　　宏村位于雷岗山西南角，按照风水说法，房屋不宜朝向正南，因此，宏村房屋大多朝向西南。

　　遵循风水观念，建筑物周围出现十字交叉是不吉利的，因而宏村街巷看不到规整的十字路口。

　　青砖黛瓦马头墙是徽式建筑的特点。马头墙又称风火墙，用来阻隔火势蔓延。马头墙大多粉刷为白色。极简朴的颜色，配上层叠的马头墙，给人以坦然宁静的感觉。宏村房屋的朝向基本相同，高矮也相差无几。这也是遵循了风水的观念，不可"悖众""强出头"。如此行为准则，对于减少纷争、和谐邻里关系，有着极大好处。

---

　　① 全村离水源最远的住户，直线距离不超过100米。李华云（文）、华敬友（图）:《青山绿水里的黑瓦白墙——宏村古村落探秘》,《中国建筑装饰装修》2018年第9期,第118页。

宏村月沼旁民居马头墙①

　　古色古香的徽派建筑、村头的古树、堪称一绝的水系、波光粼粼的月塘南湖、葱郁的雷岗山以及蓝天白云，宏村淡美如画。

宏村月沼②

　　宏村有"八景"：西溪雪霁、石濑夕阳、月沼风荷、雷岗秋月、南

　　① 曹涌摄：《聚焦徽派建筑——摄影作品集》，合肥工业大学出版社2007年版，第5页。

　　② 纪江红主编：《典藏中国名胜》（下卷），北京出版社2004年版，第250页。

湖春晓、东山松涛、黄雉秋色、梓路钟声。清人汪承恩曾写有《宏村八景诗》，其《南湖春晓》：

玻璃三百倾，隔岸袅村烟。草绿客伤别，莺啼人尚眠。①

宏村南湖山光水色②

宏村现有古民居130多幢，经黟县文物管理局测绘并登记在册的有90余幢。130多幢古民居中，明代建筑仅一幢（乐叙堂门楼），其余为清代建筑。

南湖是这里的著名景点，不可不去。它位于宏村南首，建于明万历丁未年。踏在南湖北岸的石板路上，我看到左边远处，湖心堤一横，堤上拱桥一笈，村后远山一脉，村前近水一汪。南湖畔的民居的白墙犹如一卷摊开的宣纸，画上劳动中村民的身影，摇曳着红杨和古枫的美姿。

这里湖水清漱，平洁如镜，倒影清晰可见。置身画桥上俯瞰全景，湖畔柳枝婀娜，湖中鸭群戏水，古民居及远处的群山倒映水中，显得极为雅致清新，真有一点恍如隔世，镜花水月般的幻境。
············

① 汪双武：《中国皖南古村落 宏村》，中国文联出版社2001年版，第161页。
② 齐欣：《徽州古村落(3)桃花源里落黟县》，《照相机》2013年第3期，第33页。

围绕着半圆形的月沼旁边，是徽州古居民的建筑群。水随圳流，人随巷转，我眼前流动着景物的序列。闲步所过之处，不论是在水圳旁、月沼边或是南湖畔，都可以见到村民们在那里浣洗或汲水，听到他们的欢声笑语。宏村人的田园居环境，用水脉连接了人脉，使人与自然、社群融合在一起。

水让画跃动，特有的色彩让这幅画承载了难言的美。400多年的红杨、银杏古树与淙淙的溪流相伴，原始而古朴的马头墙形成参差交错的空中轮廓线，居屋就这么和谐悠然地静卧其中，这一切无不令人陶醉，流连忘返，好一个山村水乡。

白云湛蓝，雾霭流岚，不远处幽谷茂林、层染叠翠的雷岗山就像一座巨大的画屏展现在眼前，阳光照射在林木间，树影交错枝叶掩映，与村落苍劲高迭、错落有致的马头墙构成了一幅美丽的画卷，好美。

这里，幽静得让人远离了城市的喧嚣和市井的杂念，让人仿佛走进了另一个世界。置身其中，独自享受平淡的宁静，让心灵经受涤荡，心神被超然物外的沉静所牵引……享用了这些，夫复何求？[1]

宏村从选址一直到近代之前的建设发展，始终未脱离风水的影响：

不论风水思想科学与否，正是客观存在并广为流行于民间的风水思想（很大部分是"形法派"）促成了宏村独特的整体空间形态。宏村古村落的整体形态以自然山川地势为依托，在定居之初，就非常注重以风水理想的环境要求为依据对地形地势进行选择；之后在宏村汪氏先辈对风水思想的推崇下，村落基址进一步得到完善。风水思想把握着村落整体形态大的发展原则和方向，使得宏村

---

① 张德强：《安徽宏村：比水墨画更美的桃源古镇》，《新青年（珍情）》2017年第3期，第41页。

的整体形态在很长的一段时间都保持着相对稳定的状态。在村落整体空间这一层面上，外界的限制条件主要是自然地理条件，因而风水观念可视为这一层面村落空间形态的主导影响因素。①

2000年11月，宏村与西递被列入《世界遗产名录》。

### 世界遗产委员会评价

西递、宏村这两个传统的古村落在很大程度上仍然保持着那些在19世纪已经消失或改变了的乡村的面貌。其街道的风格，古建筑和装饰物，以及供水系统完备的民居都是非常独特的文化遗存。

**2000年联合国教科文组织专家评估考察宏村申报世界文化遗产的评价**

宏村堪称中国古村落的典型。宏村拥有美丽的南湖景观，许多一流的古民居，宁静的古街巷，以及完美的自然背景，尤其是南湖周围的景色在世界上很难找到与之相类似的例子，在欧洲可以找到类似的地方是意大利的威尼斯、荷兰的阿姆斯特丹，但那是大城市，像宏村这样美丽的乡村水景观可以说是举世无双。②

## 三、山西平遥古城

中国有四大古城：安徽歙县徽州古城、四川阆中古城、山西平遥古城和云南丽江古城。能够以整座古城申报并列入世界文化遗产名录的，只有山西平遥古城。

平遥古称"陶"，秦朝时称"平陶"。北魏时，为避太武帝拓跋焘名讳，改"平陶"为"平遥"。

平遥古城以城墙围合，周长6162.68米，面积2.25平方公里。有六道城门，南北各一，东西各二。六道城门均有里外门，向外突出。整个

---

① 段进、揭明浩：《世界文化遗产宏村古村落空间解析》，东南大学出版社2009年版，第43页。

② 胡长书、张侃主编：《中国世界遗产》，华南理工大学出版社2004年版，第178页。

城区仿灵龟形建造。突出的南门像龟首，门外路两侧原凿有两眼水井，以像龟目。北外门向东弯曲，以像龟尾。东西四门像龟四足。龟乃"四灵"（麟、凤、龟、龙）之一，吉祥长寿，平遥古城又俗称"龟城"。

按照古代"上南下北，左东右西"的方位，古城主干街呈"土"字形，符合风水"土居中央"的理念。城中凡丁字路口，或建神庙朝向来路以挡凶煞，或置石狮、泰山石敢当等来驱邪化煞。

城内民居建设，遵循风水要求：

平遥民居中的风水格局基本上是根据风水"理气宗"的"九宫飞星"法设置的，其方法的要旨是借助风水罗盘，在选定的宅基上安排宅中的"三要"（门、主、灶）、"六事"（门、路、灶、井、炕、厕）。其理论要旨是以天之九星（北斗七星加左辅、右弼）、地之九宫（八卦加中宫）的交互感应为宗，将选定好的宅基按洛书九宫划分，依据后天八卦确定宅门（称伏位）及其它各部分房间的坐宫卦象，并以宅门（伏位）为基准，在宅内各宫位顺布九星（实际七星，左辅、右弼暂不用），根据各座位卦象与伏位卦象的五行生克关系来判断宅中各部位之吉凶。然后，再依其吉凶程度的大小来确定住宅各部分形式之尊卑大小及功能使用。一般来说，吉地宜建高大壮实的主房，凶地则应为低矮的附房。

民居修建一般以坐北朝南为最理想，正房建在北端，卦位为"坎"，称"坎宅"。宅门修在东南"巽"方或正南"离"方皆大吉，如"巽门坎宅"则以东南方为伏位，排布吉凶星位，北向正房为"生气天狼木星"，上吉；西南向为"五鬼廉贞火星"，大凶，一般为厕所使用。[1]

① 宋昆主编：《平遥古城与民居》，天津大学出版社2000年版，第51页。

平遥古城①

古城墙与城内民居②

明洪武三年（1370年），平遥古城进行了扩建，用砖石包砌了城墙。此后直至清朝，又进行多次修筑。城区内现有明代遗存民居近200处，清代民居近400处。民居多为日字形二进四合院或目字形三进四合院。按照古代方位，城中布局左祖右社，东武西文，城隍庙居左，衙署居右；东为武庙，西为文庙。整个城区较好地保留了明清风貌，古城墙、古民居、古市楼、古街道、古寺观以及古衙署，文物集成式的古建筑群成为平遥古城的显著特色。

① 董培良主编：《平遥古城》，山西经济出版社2006年版，第12页。
② 阮仪三：《"刀下留城"救平遥》，《地图》2011年第3期，第120页。

古城中心的建筑是金井市楼，或称金井楼，始建年代已不可考，清康熙年间曾修缮此楼。楼三层，歇山顶，高18.5米，最上层为奎光阁，可登临放目，警戒瞭望。楼南有风水点穴之金井。风水金井，国内目前已难得一见。

金井市楼（右下角为金井）①

平遥古城金井现状②

① 阮仪三：《"刀下留城"救平遥》，《地图》2011年第3期，第123页。
② 宋昆主编：《平遥古城与民居》，天津大学出版社2000年版，彩图部分第4页。

"市楼金井"是平遥八景之一：

清光绪八年《平遥县志》称："旧有八景，为一邑之胜，骚人逸士所寄兴游览者。"旧八景即：贺兰仙桥、市楼金井、凤鸟栖台、于仙药迹、源池泉勇、婴溪晚照、照峰晓月、麓台叠翠。光绪年间又将清虚仙迹、书院弦歌、河桥野望、仙观古柏等四景增入邑胜，合称"平遥古十二景"。此十二景观中，古城区即有其六。①

清人赵谦德在《重修金井楼记》中写道：

凭栏纵目，揽山秀于东南，把清流于西北，仰观烟云之变幻，俯临城市之繁华，悟天道之盈虚，察人事之推谢，有不穆然而思，悄然而叹者哉！不特此也，闻遥山之牧笛，则思牛羊之何以康；见远浦之渔舟，则思狂澜之何以楫。下视烟火万家，纷纭市集，则益思所以保聚之方。②

市楼南北各有一副对联。南面对联：

朝晨午夕街三市
贺凤桥台井上楼

古代贸易时间分早（朝）中（午）晚（夕），人称三市，常用来泛指闹市。贺凤、桥台、井上楼，乃城内三处景观。集市繁荣昌盛，景观悦目赏心。上下联尾字合成"市楼"，修辞学谓之藏尾格。

北面对联：

---

① 晋中市史志研究院编：《平遥古城志》，中华书局2002年版，第144页。
② 晋中市史志研究院编：《平遥古城志》，中华书局2002年版，第410页。

五行气正民生遂

百尺楼高物象雄

上联以五行（金木水火土）喻生态环境，百姓安居乐业；下联写金井市楼高耸，形象雄伟壮观。

古城内最高行政机构是县衙。中国古代的衙署遗存已不多见，平遥古城衙署是迄今保存较为完好的一处。

按照风水理论，县衙署建在城区西南高处，坐北朝南，居高临下。衙署东西长131米，南北长203米，占地2.66公顷。

平遥衙署①

明清时期，平遥历任县太爷，无一贪官。

平遥古城的衙署门联，堪称警世名言：

莫寻仇莫负气莫听教唆到此地费心费力费钱就胜人终累己

要酌理要揆情要度时世做这官不勤不清不慎易造孽难欺天

于民于官，警醒世人。

① 化春光：《平遥古城旅游攻略》，《旅游时代》2013年第9期，第53页。

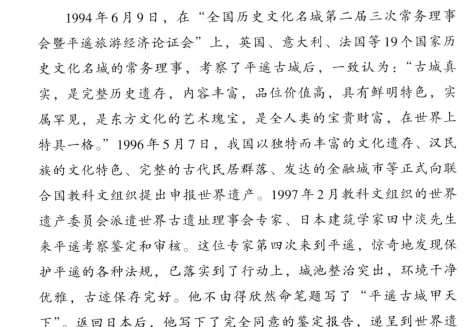

## 申报世界遗产

1994年6月9日，在"全国历史文化名城第二届三次常务理事会暨平遥旅游经济论证会"上，英国、意大利、法国等19个国家历史文化名城的常务理事，考察了平遥古城后，一致认为："古城真实，是完整历史遗存，内容丰富，品位价值高，具有鲜明特色，实属罕见，是东方文化的艺术瑰宝，是全人类的宝贵财富，在世界上特具一格。"1996年5月7日，我国以独特而丰富的文化遗存、汉民族的文化特色、完整的古代民居群落、发达的金融城市等正式向联合国教科文组织提出申报世界遗产。1997年2月教科文组织的世界遗产委员会派遣世界古遗址理事会专家、日本建筑学家田中淡先生来平遥考察鉴定和审核。这位专家第四次来到平遥，惊奇地发现保护平遥的各种法规，已落实到了行动上，城池整治突出，环境干净优雅，古迹保存完好。他不由得欣然命笔题写了"平遥古城甲天下"。返回日本后，他写下了完全同意的鉴定报告，递呈到世界遗产委员会总部。1997年12月3日，在意大利那不勒斯召开的联合国教科文组织世界遗产委员会第21届会议上正式通过，中国平遥古城以城市名称在中国第一家进入《世界遗产名录》。

## 世界遗产委员会评价

平遥古城是中国汉民族城市的明清时期的杰出范例，平遥古城保存了其所有特征，而且在中国历史的发展中为人们展示了一幅非同寻常的文化、社会、经济及宗教发展的完整画卷。这是一座完整体现中国传统文化精神的古城。城内古建筑可谓儒释道三教并存，传统礼制和汉民族精神多有映现。①

---

① 胡长书、张侃主编：《中国世界遗产》，华南理工大学出版社2004年版，第167—168页。

# 古代建筑与文学

　　在"言志""缘情"理论的推动下，中国古代文学的抒情美学特质，在各种抒情语境中得到了淋漓尽致的体现，即使是叙事作品，也总是带有一些抒情成分。空间场所，是抒情作品的必要元素，脱离空间（无论是地理空间还是心理空间）的作品是不存在的。建筑，是空间场所的实体存在，它可以是文学表现的素材，也可以是文学生发的源点。在众多抒情作品中（如古代诗词），作者的抒情并未指向某一建筑，但该建筑却是作品生发的起源点，没有这个"点"，也就没有特定作品的出现。文学作品的脍炙人口，使作为文学生发源点的建筑附着了更多的人文信息。因为陈子昂的诗、辛弃疾的词，幽州台与郁孤台也就蒙上了一层苍凉色彩。建筑不再是单纯的孤立实体，它已从人们眼中的物象化成为具有深刻内涵的精神意象，甚至成为人的情感符号，一提到它，相应的情感就会袭上心头。

　　中国古代建筑的发展，从未背离"天人合一"的信条。人与自然和谐地融为一个整体，是中国古代社会人们对待生态环境的准则。建筑从开始的选址，到最后的落成，始终避免对环境造成破坏。保护环境就是保护生态，同时也是保护人类自己。建筑被融入自然环境，成为环境的一个组成部分，自然景观与人文景观相得益彰，难怪德国工程师恩斯特·伯施曼于20世纪初广泛考察了中国建筑后，颇为感慨：

　　　　弧形屋顶的亭子立在山峰上。很少有地方像这里一样给我留下如此深刻的印象：一座庙宇，它的内在思想和外在形式那么和谐、自然，好像是从周围环境中生长出来的一样。

…………

庙宇在很大程度上作为自然景观的一部分，使人辨认出自然力和人力的统一。

…………

当我们面对中国建筑时所得到的那平静的愉快感觉，那与我们灵魂产生共鸣的感觉到底是从哪里来的？我们希望能找到答案。因为我们感受到的不仅是伟大的建筑与周围自然环境的紧密结合，以致我们感到自己已经与那美好的图画融为一体。①

对于擅长触景生情的敏感的中国文人来说，歌咏建筑与歌咏自然没有什么根本的区别，既然人文景观与自然景观已经有机融合，那就没有必要再将二者拆分开来，将建筑的文学表达与自然的文学表达视为根本不同的两种文学类型。建筑成为文学的素材，是文学的本能，就像自然成为文学的表达对象一样。

在以建筑为空间场所的古代优秀诗文作品中，亭台楼阁伴随着作者飞扬的抒情，早已成为历久弥新的审美对象。不难看出，建筑给文学带来了灵感，文学给建筑增添了光芒。文学与建筑一起，给人带来抚今追昔的岁月沉思，以及难以忘怀的审美体验。

在古建筑中，亭、台、楼、阁是常见的四种建筑形式。

**亭**　一种造型多样的小型建筑，屋顶多为攒尖式。常见的亭多用来观景或供人小憩，另外碑亭也比较常见。亭的四周，大多空透，也有周边围合的，如北京故宫万春亭。亭往往用作自然山水的点缀，使山林别开生面。在园林中，亭常常成为点睛之笔，周围种种都因它而灵动起来。

---

① ［德］恩斯特·伯施曼著，段芸译：《中国的建筑与景观（1906—1909年）》，中国建筑工业出版社2009年版，前言第9—10页。

**台** 筑土以为高台，汉末以后，台采用了用砖包砌的技术。台与台基不同，台"是一独立的建筑物而非房屋的附属物"①。台上的其他建筑可有可无，建筑物可以是亭榭楼阁等，如河北邯郸武灵丛台顶有据胜亭。有的台上建筑物不另外命名，台与台上建筑物被视为一个组合体，因而笼统称某某台，如江西赣州郁孤台上有阁楼，统称郁孤台，登阁楼就是登郁孤台。

**楼** 重屋为楼，二层及二层以上的屋，就称为楼。楼可以用于人居，也可以用于军事（如阅兵楼、箭楼）、观景，还可以是钟楼、鼓楼、城楼等。

**阁** 从形式上看，阁与楼几乎没什么区别。宋代以后，阁、楼在语词使用上就很少再作分辨了。实际上，二者还是有区别的：阁有平座（或写作"平坐"），楼无平座。平座之外观，即楼层间屋檐下的走道，如下图：

雍和宫万福阁②

① 刘致平：《中国建筑类型及结构》（第 3 版），中国建筑工业出版社 2000 年版，第92 页。

② 如常主编：《世界佛教美术图说大辞典 建筑 4》，佛光山宗委会 2013 年版，第1200 页。

古代建筑与文学

山西晋祠外廊式楼阁①

## 亭：醉翁亭

宋仁宗庆历五年（1045年），欧阳修胞妹养育的女儿张氏与欧阳修家中仆人通奸。案发后，欧阳修遭政敌构陷，凭借张氏的一些"丑异"供词，说欧阳修与张氏有染。同年十月二十二日，三十九岁的欧阳修被贬谪并到达任所安徽滁州。

相对于西京洛阳来说，滁州地属偏州，民风简朴。

滁州西南有琅琊山，欧阳修常与他人一道上山游览：

　　修之来此，乐其地僻而事简，又爱其俗之安闲。既得斯泉于山谷之间，乃日与滁人仰而望山，俯而听泉。掇幽芳而荫乔木，风霜冰雪，刻露清秀，四时之景，无不可爱。又幸其民乐其岁物之丰成，而喜与予游也。②

---

① 鲁杰、鲁辉、鲁宁：《中国传统建筑艺术大观(外观卷)》，四川人民出版社2000年版，第52页。

② (宋)欧阳修：《丰乐亭记》，见(宋)欧阳修著，李逸安点校：《欧阳修全集》第2册，中华书局2001年版，第575页。

琅琊山开化禅寺（俗称琅琊寺）智仙禅师与欧阳修结识，相交甚笃。智仙在让泉旁建一小亭，供欧公等人在此游宴小憩。亭虽小，然四周景色宜人。众人觥筹交错，笑语喧哗，欧阳修亦快意当前，奈何不胜酒力，每饮微醺，于是呼小亭为"醉翁亭"，又挥毫写下《醉翁亭记》，此亭由是名声大噪，声名远扬。

### 醉翁亭记

宋·欧阳修

　　环滁皆山也。其西南诸峰，林壑尤美，望之蔚然而深秀者，琅琊也。山行六七里，渐闻水声潺潺，而泻出于两峰之间者，酿泉也。峰回路转，有亭翼然临于泉上者，醉翁亭也。作亭者谁？山之僧智仙也。名之者谁？太守自谓也。太守与客来饮于此，饮少辄醉，而年又最高，故自号曰醉翁也。醉翁之意不在酒，在乎山水之间也。山水之乐，得之心而寓之酒也。

　　若夫日出而林霏开，云归而岩穴暝，晦明变化者，山间之朝暮也。野芳发而幽香，佳木秀而繁阴，风霜高洁，水落而石出者，山间之四时也。朝而往，暮而归，四时之景不同，而乐亦无穷也。

　　至于负者歌于途，行者休于树，前者呼，后者应，伛偻提携，往来而不绝者，滁人游也。临溪而渔，溪深而鱼肥。酿泉为酒，泉香而酒洌；山肴野蔌，杂然而前陈者，太守宴也。宴酣之乐，非丝非竹，射者中，弈者胜，觥筹交错，起坐而喧哗者，众宾欢也。苍颜白发，颓然乎其间者，太守醉也。

　　已而夕阳在山，人影散乱，太守归而宾客从也。树林阴翳，鸣声上下，游人去而禽鸟乐也。然而禽鸟知山林之乐，而不知人之乐；人知从太守游而乐，而不知太守之乐其乐也。醉能同其乐，醒能述以文者，太守也。太守谓谁？庐陵欧阳修也。

　　《醉翁亭记》作于1046年，也就是欧阳修到滁州后的第二年，这一年欧阳修四十岁。南宋胡柯《庐陵欧阳文忠公年谱》记载：

> 庆历六年丙戌，公年四十。公在滁，自号醉翁。①

《醉翁亭记》一经传出，天下传诵。宋人朱弁《曲洧旧闻》说：

> 《醉翁亭记》初成，天下莫不传诵，家至户到，当时为之纸贵。②

文章开篇"环滁皆山也"，至为简洁，据说最初不是这样。宋儒朱熹《朱子语类》说：

> 欧公文亦多是修改到妙处。顷有人买得他《醉翁亭记》稿，初说滁州四面有山，凡数十字，末后改定，只曰："环滁皆山也"五字而已。③

为了还原篇首"数十字"，有故事生出：《醉翁亭记》初成，"滁州四面皆山也，东有乌龙山，西有大丰山，南有花山，北有白米山，其西南诸峰，林壑尤美。"后经一位姓李的樵夫指点，才改为"环滁皆山也"。此乃坊间戏言，不足为信。

关于"环滁皆山"，几百年来聚讼纷纭。

明代郎瑛说：

> 孟子曰："牛山之木尝美矣。"欧阳子曰："环滁皆山也。"予亲

---

① 中华书局编：《四部备要》第74册，中华书局1989年版，第9页。

② 详见朱易安、傅璇琮等主编：《全宋笔记. 第三编 七》，大象出版社2008年版，第26页。

③ （宋）黎靖德编，王星贤点校：《朱子语类》第8册，中华书局1986年版，第3308页。

至二地，牛山乃一岗石小山，全无土木，恐当时亦难以养木；滁州四望无际，止西有琅琊，不知孟子、欧阳何以云然。[1]

有赞同郎瑛说法者，亦有认为欧公所言不诬者。《中国县情大全》中介绍：

（滁州）地处江淮丘陵地区东部。地势东南低，西北高，高差500米，海拔在399.3—5米之间。东南为平原圩区，东北为低丘洼地，西北、南为丘陵岗地。境内的山丘属大别山余脉。东有皇道山、团山、林江墩，海拔不到100米，西南有大丰山、花山、琅琊山、龙蟠山、庙山、五尖山、滑鼻山、雁塘山、鸡冠石等，以花山为较高，海拔331米。西有南将军、北将军、皇甫山、红圩山、关山、孤山、棺材山等，以北将军为境内最高，海拔399.3米，西北有白米山、磨盘山、孟良山、锅底山、牛牧岭等，以白米山为较高，海拔344米，其余均在海拔200米左右。东北有乌龙山、独山等，以独山为较高，海拔149米。[2]

山有远近高低，对于山的概念理解也有时代差异，因此，不能以目视的结果为准。

苏轼是欧阳修的弟子，又是后来的文坛领袖，基于文体观念，苏轼对《醉翁亭记》略有微辞：

永叔作《醉翁亭记》，其辞玩易，盖戏云耳。[3]

① （明）郎瑛：《七修类稿》，上海书店出版社2009年版，第35页。
② 中华人民共和国民政部、中华人民共和国建设部编：《中国县情大全 华东卷》，中国社会出版社1993年版，第737页。
③ 孔凡礼点校：《苏轼文集》第5册，中华书局1986年版，第2055页。

古代建筑与文学

由苏轼肇其始，两宋时不断有人对《醉翁亭记》的文体提出批评。元明以后，《醉翁亭记》的经典地位才得以确立①。吴小如认为"《醉翁亭记》是一篇优美的抒情散文诗"②。

《醉翁亭记》写出了作者的"乐"与"醉"，由乐而醉，因醉而乐。"醉翁之意不在酒，在乎山水之间也。"所谓山水之间，其实就是一种景色如画的良好的生态环境，在这种环境中能够和平安定并且快乐自适地生活，是作者的心愿，也是作者的追求。《论语·先进》曾记述了孔子与弟子子路、曾皙、冉有、公西华的对话。孔子要弟子各言其志，当问及曾皙：

（曾皙）曰："莫春者，春服既成，冠者五六人，童子六七人，浴乎沂，风乎舞雩，咏而归。"

夫子喟然叹曰："吾与点（即曾皙）也。"

曾皙表达的是一种和平自适的愉悦生活，因而引发孔子的喟叹。欧阳修文中所表现的生活态度，与曾皙、孔子是一脉相承的。和平安定并且快乐自适，是儒家的生存愿景，同时也是百姓的生活理想。

《醉翁亭记》21个"也"字，使文章具有了很强的韵律美。即使在21世纪的今天，重读近千年前的欧公佳作，那种回旋跌宕的韵律、如诗如画的写景以及悠游真切的抒情，依然能够深深地感动人心，使人获得一种至高至纯的审美享受。

---

① 陈文忠：《"历代文话"的接受史意义——〈醉翁亭记〉接受史的四个时代》，《安徽师范大学学报（人文社会科学版）》2017年第3期，第293页。

② 吴小如：《古文精读举隅》，天津古籍出版社2002年版，第258页。

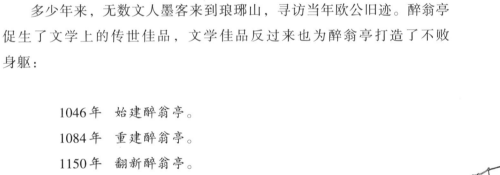

醉翁亭①

多少年来，无数文人墨客来到琅琊山，寻访当年欧公旧迹。醉翁亭促生了文学上的传世佳品，文学佳品反过来也为醉翁亭打造了不败身躯：

1046年　始建醉翁亭。

1084年　重建醉翁亭。

1150年　翻新醉翁亭。

1289年　重建醉翁亭。

1425年　重建醉翁亭。

1445年　重建醉翁亭。

1469年　增修醉翁亭。

1604年　整赡醉翁亭。

1881年　重建醉翁亭。

1896年　整修醉翁亭。

2013年　整修醉翁亭。②

① 李姗姗主编：《典雅亭台楼阁》，汕头大学出版社2017年版，第46页。

② 整理自董元亮、潘珍珍、方蓉等：《滁州醉翁亭园林历史变迁及其特征探析》，《滁州学院学报》2018年第4期，第7—12页。

古代建筑与文学

试想，如果没有《醉翁亭记》，醉翁亭恐怕早已圮毁。如果醉翁亭不复存在，那么《醉翁亭记》也将无法鲜活地流传于后世。

不知清代何人，为醉翁亭写出一副对联：

> 翁去八百载，醉乡犹在；
> 山行六七里，亭影不孤。①

光绪《滁州志》载有明朝周正的《游醉翁亭》：

> 峰回路转亭翼然，作亭者谁僧智仙。后有醉翁醉流连，跻攀石磴披云烟。觥筹交错开宾筵，杂陈肴蔌酌让泉。树木阴翳飞鸟穿，人影散乱夕阳巅。古往今来知几年，醉翁耿耿名姓传。一从文字勒石坚，至今草木争光妍。我欲亭下渔且田，日卧醉翁文字边。朗然高诵心目愳，山中鹿豕相周旋。吐吞云梦轻尘缘，但苦俗虑纷纭牵。寥寥千载如逝川，谁与醉翁相后先。②

一篇《醉翁亭记》，使得琅琊山让泉四周"至今草木争光妍"。不知有多少人欲步欧公后尘，"我欲亭下渔且田，日卧醉翁文字边。"有人说，于今再读《醉翁亭记》，"如同唱起一支老歌，那样亲切、那样熟悉。"③当代散文家何为有一次来到醉翁亭：

> 雨中走向醉翁亭，恍如进入古文中的空灵境界，有一种超越时空的幻异感……
> 将近千年以来，沧海桑田，历经变迁，最早的醉翁亭只能存于欧文之中了。然而，山水犹在，古迹犹在，醉意犹在。人们是不愿

---

① 谷向阳主编：《中国楹联大典》，吉林教育出版社1994年版，第732页。
② 《中国地方志集成·安徽府县志辑(34)》，江苏古籍出版社1998年版，第330页。
③ 张原：《一醉千秋琅琊山》，《养生大世界：A版》2010年第4期。

《醉翁亭记》中抒情述怀的诗画美景在人间消失的。①

## 台：郁孤台

  江西赣州西北的贺兰山（又名文笔山、田螺岭），海拔131米。赣州城西的章水与城东的贡水流至贺兰山下，汇合为赣江。江西万安县造口距贺兰山百余里，赣江流经造口，然后向东北方流入鄱阳湖。

  登临贺兰山，可俯瞰赣州城。至迟在唐代，人们在贺兰山顶筑台楼，因贺兰山树木葱郁，临江孤峙，故称台楼为"郁孤台"。

远望郁孤台②

  宋高宗建炎三年（1129年），金兵获知隆祐太后行踪，派兵追至造口。隆祐太后弃船陆行，侥幸逃脱③。金兵一路掠杀，百姓流离失所。原来护送太后的万余兵将，亦溃散沦为土匪，转而打家劫舍，百姓不堪其苦。1176年，辛弃疾任江西提点刑狱（司法类官员），驻赣州。第二年，37岁的辛弃疾登临郁孤台，抚今追昔，想到当年隆祐太后出逃、百

  ① 何为：《风雨醉翁亭》，见张胜友、蒋和欣主编：《中华百年经典散文·风景游记卷》，作家出版社2004年版，第403页。

  ② 龚文瑞：《赣州古城地名史话》，广东旅游出版社2018年版，第7页。

  ③ 南宋罗大经认为，辛弃疾《菩萨蛮》系"由此起兴"，详见（宋）罗大经撰、王瑞来点校：《鹤林玉露》，中华书局1983年版，第13页。

姓罹难、眼下恢复故土之无望，百感交集。在万安造口，他写下著名的《菩萨蛮·书江西造口壁》：

> 郁孤台下清江水，中间多少行人泪？西北望长安，可怜无数山。
>
> 青山遮不住，毕竟东流去。江晚正愁余，山深闻鹧鸪。

辛弃疾既是勇猛武将，又是豪放派词人。他的词"慷慨纵横，有不可一世之概"[1]。历史上多有题咏郁孤台的诗文，如苏轼、黄庭坚、文天祥、汤显祖、王士禛等，均就郁孤台抒发情意，而唯有辛弃疾的《菩萨蛮》，才成为郁孤台千古绝唱。

造口又名皂口，在今万安县境内。当时的造口，是个驿站。辛弃疾将词写在造口的墙壁上，该地点如今已被水库（万安水库）淹没。辛词中提到的"清江"，指赣江。

从唐代宗大历二年（767）算起，郁孤台距今已有一千二百多年的历史。这期间，郁孤台几经废兴：

明嘉靖年间（1522—1566）培筑郁孤台。后又废。

清乾隆四十三年（1778）　重修。后又废。

清道光十年（1830）　重建。恢复郁孤台称谓。

清咸丰十年（1860）　重建。

清同治八年（1869）　因大风郁孤台倒塌。

清同治十年（1871）　重建。[2]

民国初期　郁孤台毁于战乱。1933年重建。

1959年　整修。

1982年3月　拆除。

---

[1]（清）纪昀总纂：《四库全书总目提要》，河北人民出版社2000年版，第5472页。

[2] 整理自周建华：《清江水流 行人泪溅 江晚愁予 山深鹧鸪鸣——辛弃疾与郁孤台八百年考述》，《赣南师范学院学报》2004年第1期，第77页。

1983年6月　　　　　　　　　按清代格局重建，次年9月完工。

现在的郁孤台，共三层，高17米，占地300平方米，钢筋混凝土仿木构建筑。

现在的郁孤台近景[1]

现在的郁孤台远景[2]

郁孤台有一副楹联，据说是唐代诗人李渤任虔州（即赣州）刺史时所题：

① 覃力著，张锡昌、覃力摄影：《说楼》，山东画报出版社2004年版，第43页。

② 韩振飞撰文，陈忠民摄影：《宋城赣州》，中国建筑工业出版社2014年版，第38页。

郁结古今事，

孤悬天地心。①

一千多年过去了，郁孤台早已和辛词一同凝固成一个悲凉而又孤傲的形象。登郁孤台，不是为了要听几声鹧鸪的鸣叫，也不是为了要看看四周的景色，而是要探寻古往今来的岁月沧桑，凝听壮志难酬的英雄呐喊，感受气吞万里的荡气回肠。

我喜读辛词，尤其喜读他的登楼词。从"楚天千里清秋"到"郁孤台下清江水"，从"举头西北浮云，倚天万里须长剑"到"何处望神州？满眼风光北固楼"；从"休去倚危栏，斜阳正在，烟柳断肠处"到"唤起一天明月，照我满怀冰雪，浩荡百川流"，从"我来吊古，上危楼，赢得闲愁千斛"到"而今识尽愁滋味，欲说还休，欲说还休"……读不尽这郁郁英雄气，读不尽这无言家国泪，读不尽辛酸辛苦辛辣的辛稼轩！

此时，郁孤台上山雨欲来，风云满楼。

我看见，那个落寞的男儿，仿佛还伫立在台上，泪洒西风，弹铗而歌。他手中的道道剑气，与词中的点点文字融为一体，在风中尽情翻卷、旋舞，绽放在华夏万里江山。这山河，这文字，这泪水，因了这一份英雄气，从此经天纬地、壮怀激烈。②

英雄注定孤独，再多的忧伤也要一个人扛，尽管一路坎坷，他们在风浪中也依旧执著。他们心中装的是天下苍生，是黎民百姓，是国家命运，是民族兴衰。有一种信念因爱而伟大，这就是振兴民族的信念。以天下为己任的精神在江风中猎猎作响。人去，这种精神不灭；台废，这种精神不倒。即使滔滔江水干了，这种精神也将

---

① 上下联首字合成"郁孤"，意谓郁孤台维系着古今天下事。

② 简云斌：《郁孤台上英雄泪》，《散文百家》2019年第4期，第16页。

奔流不息……

当踏上郁孤台，被脚下这千百年来积聚的英雄之气所包围的时候，我怎会不心生感慨？①

## 楼：岳阳楼

岳阳楼建在湖南岳阳古城西城门上，位于洞庭湖东岸。

今日岳阳楼②

现在的岳阳楼，是20世纪80年代按照清代样式重新修葺的，主楼高19.42米，进深14.54米，宽17.42米，面积251平方米，共三层，盔顶，纯木结构。

岳阳古称巴陵、巴丘、岳州。岳阳楼大约始建于三国东吴鲁肃镇守巴丘期间（210年—217年），鲁肃所建，还只是个谯楼（即城门楼）。南朝宋元嘉十六年（439年），巴丘改名巴陵，谯楼得以整修，更名为巴陵城楼。唐开元四年（716年），张说谪守岳阳，扩修巴陵城楼，将楼更名为"岳阳楼"。但岳阳楼后来毁于战乱，直至北宋年间，滕子京（滕

① 梁智颖：《郁孤台之魂》，《高中生·作文》2013年第5期，第54页。
② 郑莉颖：《岳阳天下楼》，《科学中国人》，2017年第11X期，第76页。

古代建筑与文学

宗谅，字子京）任巴陵郡守（岳阳隶属巴陵），筹资重建岳阳楼。竣工后，滕子京需要有人著文彰显岳阳楼，于是他想到了范仲淹。

滕子京请人作画《洞庭秋晚图》，并附书信，派人送达范仲淹谪官任所邓州（今河南邓州）。滕子京这封信，明代隆庆刻本《岳州府志》卷7题为《宗谅求记书》，光绪《巴陵县志》题为《与范经略求记书》，《全宋文》卷396题为《求记书》，各本文字略有出入。

### 与范经略求记书

六月十五日，尚书祠部员外郎、天章阁待制、知岳州军州事滕宗谅，谨驰介致书，恭投邻府四路经略安抚、资政谏议节下：

窃以为天下郡国，非有山水环异者不为胜，山水非有楼观登览者不为显，楼观非有文字称记者不为久，文字非出于雄才巨卿者不成著。今古东南郡邑，当山水间者比比。而名与天壤同者，则有豫章之滕阁，九江之庾楼，吴兴之消暑，宣城之叠嶂，此外无过二三所而已。虽浸历于岁月，挠剥于风雨，潜消于兵火，坯毁于患难，须必崇复而不使堕坏者，盖由韩吏部、白宫傅以下当时名贤辈，各有纪述，而取重于千古者也。

巴陵西跨城闉，揭飞观，署之曰："岳阳楼"，不知傲落于何代何人。自有唐以来文士编集中，无不载其声诗赋咏，与洞庭、君山率相表里。宗谅初诵其言，而疑且未信，谓作者夸说过矣。去秋以罪得兹郡，入境而疑与信俱释。及登楼，而恨向之作者所得仅毫末尔，惟其吕衡州诗云："襟带三千里，尽在岳阳楼"，此粗标其大致。自是日思以宏大隆显之，亦欲使久而不可废，则莫如文字。乃分命僚属于韩、柳、刘、白、二张、二杜逮诸大人集中，摘出登临寄咏，或古或律，歌咏并赋七十八首，暨本朝大笔如太师吕公、侍郎丁公、尚书夏公之作，榜于梁栋间。又明年春，鸠材僝工，稍增其旧制。古今诸公于篇咏外，率无文字称纪。所谓岳阳楼者，徒见夫屹然而踞，岈然而负，轩然而竦，伛然而顾，曾不异人具肢体而精神未见也，宁堪久矣。

　　恭惟执事文章器业，凛凛然为天下之时望，又雅意在山水之好，每观送行怀远之什，未尝不神游物外而心与景接。矧兹君山、洞庭，杰然为天下之最胜。切度风旨，岂不撼遐想于素尚，寄大名于清赏者哉？冀戎务鲜退，经略暇日，少吐金石之论，发挥此景之美。庶溉芳润于异时，知我朝高位辅臣，有能淡味而远托思于湖山数千里外，不其胜与？谨以《洞庭秋晚图》一本，随书赟献，涉毫之际，或有所助。干冒清严，伏惟惶灼。①

这封信谈到建筑与文学的关系，很是精辟：
1.未与文学绑定的建筑，难以持久不废：

　　楼观非有文字称记者不为久，文字非出于雄才巨卿者不成著。
　　亦欲使久而不可废，则莫如文字。

2.建筑应拥有文化内涵，其人文精神须达到一定境界，否则如人之徒具肢体而无精神：

　　所谓岳阳楼者，徒见夫屹然而踞，岈然而负，轩然而竦，伛然而顾，曾不异人具肢体而精神未见也，宁堪久矣。

《求记书》情真意切，远隔千里的范仲淹，读信后欣然命笔，写下千古名篇《岳阳楼记》：

**岳阳楼记**

北宋·范仲淹

　　庆历四年春，滕子京谪守巴陵郡。越明年，政通人和，百废具

①《中国地方志集成·湖南府县志辑(7)》，江苏古籍出版社2002年版，第588页。

兴，乃重修岳阳楼，增其旧制，刻唐贤今人诗赋于其上，属予作文以记之。

予观夫巴陵胜状，在洞庭一湖。衔远山，吞长江，浩浩汤汤，横无际涯，朝晖夕阴，气象万千，此则岳阳楼之大观也，前人之述备矣。然则北通巫峡，南极潇湘，迁客骚人，多会于此，览物之情，得无异乎？

若夫淫雨霏霏，连月不开，阴风怒号，浊浪排空，日星隐曜，山岳潜形，商旅不行，樯倾楫摧，薄暮冥冥，虎啸猿啼。登斯楼也，则有去国怀乡，忧谗畏讥，满目萧然，感极而悲者矣。

至若春和景明，波澜不惊，上下天光，一碧万顷，沙鸥翔集，锦鳞游泳，岸芷汀兰，郁郁青青。而或长烟一空，皓月千里，浮光跃金，静影沉璧，渔歌互答，此乐何极！登斯楼也，则有心旷神怡，宠辱偕忘，把酒临风，其喜洋洋者矣。

嗟夫！予尝求古仁人之心，或异二者之为，何哉？不以物喜，不以己悲，居庙堂之高则忧其民，处江湖之远则忧其君。是进亦忧，退亦忧。然则何时而乐耶？其必曰"先天下之忧而忧，后天下之乐而乐"乎！噫！微斯人，吾谁与归？

时六年九月十五日。

全文368字。滕子京写信的时间，在庆历五年（1045年）六月十五日。范仲淹写记的时间，在庆历六年（1046年）九月十五日。

洞庭湖气象，很早就上了文人笔端。战国时期的屈原，在《九歌·湘夫人》中咏叹：

袅袅兮秋风，洞庭波兮木叶下。

从岳阳楼看洞庭湖[1]

透出一点淡淡的凄凉。到了范仲淹，洞庭湖"浩浩汤汤，横无际涯，朝晖夕阴，气象万千"，境界比屈原开阔了许多。《岳阳楼记》妙笔生花，无论是写景，还是抒怀，都令人百读不厌。特别是"不以物喜，不以己悲""先天下之忧而忧，后天下之乐而乐"，立意高远，成为警策世人之言，其积极向上的正面引导意义，亦获后世公认。

《岳阳楼记》有着诗的韵律、骈文的对偶、赋体的铺排、古文的章法，在文体上可谓不拘一格。范仲淹的好友尹洙、欧阳修对这种"杂"的文体特征提出批评，后世亦多有赞同。这种批评一直延续到清代桐城派[2]。

随着学术研究的深入，《岳阳楼记》又遭质疑：

1.《岳阳楼记》乃徇私之作。

北宋司马光《涑水记闻》说滕宗谅在泾州为官时，"用公使钱无度"，并烧毁账籍，使朝廷无法稽查。在岳州为官修岳阳楼时，所募钱财，不设"案籍"，自己私吞不少[3]。滕宗谅实系贪官，范仲淹作为滕宗谅好友，作文为滕开脱，同时对滕提出劝诫。

古代建筑与文学

①《中国经典游》编辑部主编：《中国最美的100处名胜古迹》，广西师范大学出版社2010年版，第153页。

② 许迪：《〈岳阳楼记〉接受史研究》，《小品文选刊：下》2017年第7期，第39页。

③（宋）司马光撰，邓广铭、张希清点校：《涑水记闻》，中华书局1989年版，第196页。

2.范仲淹从未涉足岳阳楼。

范仲淹熟悉太湖，但他并未去过洞庭湖及岳阳楼。《岳阳楼记》实际上是将太湖的景色挪用到洞庭湖，范仲淹根据自己在太湖的生活体验描写了洞庭湖。

更多的研究者对以上两点予以反驳，根据对史料的考察，他们认为滕宗谅仗义疏财，并未贪污，《涑水记闻》所述不符史实。《宋史》中说滕宗谅死后"无余财"①。1992年在安徽青阳发掘了滕宗谅家族墓（墓主为滕宗谅之父、妹和妻女），墓葬中无奢华物件，这也证明了滕宗谅的清白②。至于说滕宗谅在巴陵两年，"政通人和，百废具兴"，也是事实，非粉饰之辞。另外，范仲淹至少两次去过洞庭湖及岳阳楼。

岳阳楼的门联，也被挑出毛病：

洞庭天下水
岳阳天下楼

有人提出这副门联应予撤换，因为它平仄上不合联律。也有人认为该对联实际上符合平仄要求③。不管是否符合联律，岳阳楼门联都应保持历史旧貌，若根据今人评判改动古迹，则有违文物保护之宗旨。

《岳阳楼记》提升了范仲淹的文学地位，也提升了岳阳楼与滕子京的知名度。得益于文学的渲染和文化的支撑，岳阳楼虽几度劫波，但也数次重获新生：

宋代毁建7次，元代不详，明代毁建10次，清代毁建18次。④

① （元）脱脱等：《宋史》第29册，中华书局1977年版，第10038页："宗谅尚气，倜傥自任，好施与，及卒，无余财。"

② 青阳县文物管理所：《安徽青阳金龟原北宋滕子京家族墓地清理简报》，《中原文物》2013年第3期，第22页。

③ 张亦伟、张聿明：《岳阳楼门联何病之有》，《云梦学刊》2007年第3期，第66页。

④ 参见岳阳市情网所载《岳阳楼志》概述部分。

登岳阳楼，看洞庭湖烟波浩渺，涤荡胸怀。俯仰之间，思前贤咏叹，陶冶情操。明代商辂说：

嗟乎！物不自美，因人而美，此美理也。夫以岳阳为楼，据有洞庭之胜，既云美矣。而范公为记，又历叙阴晴变态之妙，以寓夫先忧后乐之心，使人诵而味之，非惟不出户庭而湖山景物尽在目中。凡素存忧国忧民之念者，自当惕然警省，而油然兴起矣。然则是楼之建，岂为游观之好哉？盖深有慕于公之为人，而追寻芳躅，思欲企而及之者也。①

到岳阳楼，还可以倾听洞庭湖的波声：

一座岳阳楼，跃动着几多中国文人梦。

文人爱温柔，岳阳楼楼下的水，醉人，灼人，也柔人。坐上小划子船，摇着两片桨，船儿晃悠悠地向前。远处，墨绿如黛，群山缥缈而朦胧，轻涛拍岸，似细雨微吟。人坐在船上，完全沉醉在与自然和谐交融的情境中，全然不知自己也成了这幅辽阔博大、绚丽多姿的风景的一部分了。波声悠然，似乎与那遥远历史的波声感应着，从历史的长河飘到眼前，又从眼前超越时空滑向邈远。波声，轻轻飘散，不绝如缕，是要带我去岁月之源么？

…………

那不是北宋范仲淹和滕子京划动的波声么？1046年，两个被当权者排挤的失意贬官之人，处江湖之远仍忧其君。滕子京重修岳阳楼，请范仲淹做了那篇家喻户晓的《岳阳楼记》，两人的思想在洞庭飘逸的波声中融合了，他们共同铸造了这座楼的灵魂。范仲淹"先天下之忧而忧，后天下之乐而乐"的名句，早已成了一种伟大

---

① （明）商辂：《重建岳阳楼记》，见方伟华编著：《岳阳楼诗文》，吉林摄影出版社2004年版，第11页。

的文化精神，成了岳阳楼的灵魂，成了中国文人梦的最精彩片段，使这座普普通通的临湖木楼，成了一个有风骨的文化景点。这样一座楼，点缀了洞庭湖，光大了洞庭湖，它挺立在洞庭湖边，一点也没有轻佻之感。①

## 阁：滕王阁

唐宪宗元和十五年（820年），御史中丞王仲舒再次重修洪州（今江西南昌）滕王阁，竣工后，王仲舒写信给韩愈，请韩愈撰文。韩愈此时52岁，身处袁州（今江西宜春），接信后，作《新修滕王阁记》。《记》中说：

愈少时则闻江南多临观之美，而滕王阁独为第一，有瑰伟绝特之称。②

江西南昌滕王阁，位于赣江东岸。唐高宗李治永徽四年（653年），滕王李元婴任洪州都督，建"滕王阁"。

李元婴系唐高祖李渊第二十二子，十一岁时（唐贞观十三年，公元639年），被封为滕王，封地滕县（金代改名滕州，即今山东滕州）。李元婴喜欢兴土木、建楼阁，在滕县建行宫，以其封号命名楼阁为"滕王阁"，这是第一座滕王阁（已毁）。

唐高宗永徽三年（652年），李元婴二十四岁，迁任洪州都督。永徽四年（653年），李元婴二十五岁，建洪州滕王阁，这是第二座滕王阁。

唐高宗龙朔二年（662年），李元婴迁任隆州（今四川阆中）刺史。

---

① 伍弱文：《〈岳阳楼记〉拓展阅读——岳阳楼的中国文人梦》，《初中生世界》2015年第43期，第16—17页。
② （唐）韩愈撰，马其昶校注，马茂元整理：《韩昌黎文集校注》，上海古籍出版社1986年版，第91页。

唐高宗调露元年（679年），李元婴五十一岁，建阆中滕王阁，这是第三座滕王阁。

唐高宗上元二年（675年）重阳节，洪州都督阎伯屿在翻新后的滕王阁举行宴会。"初唐四杰"之一的王勃，这年二十六岁。王勃去交趾（今越南北部）看望其父，途经洪州，接到阎伯屿邀请，参加了宴会。

席间，王勃写下脍炙人口的骈文《滕王阁序》（全称《秋日登洪府滕王阁饯别序》，又名《滕王阁诗序》《宴滕王阁序》，全文并诗不计标点773字）：

### 秋日登洪府滕王阁饯别序

#### 唐·王勃

豫章故郡，洪都新府。星分翼轸，地接衡庐。襟三江而带五湖，控蛮荆而引瓯越。物华天宝，龙光射牛斗之墟；人杰地灵，徐孺下陈蕃之榻。雄州雾列，俊采星驰。台隍枕夷夏之交，宾主尽东南之美。都督阎公之雅望，棨戟遥临；宇文新州之懿范，襜帷暂驻。十旬休暇，胜友如云；千里逢迎，高朋满座。腾蛟起凤，孟学士之词宗；紫电青霜，王将军之武库。家君作宰，路出名区；童子何知，躬逢胜饯。

时维九月，序属三秋。潦水尽而寒潭清，烟光凝而暮山紫。俨骖騑于上路，访风景于崇阿；临帝子之长洲，得天人之旧馆。层峦耸翠，上出重霄；飞阁流丹，下临无地。鹤汀凫渚，穷岛屿之萦回；桂殿兰宫，即冈峦之体势。

披绣闼，俯雕甍，山原旷其盈视，川泽纡其骇瞩。闾阎扑地，钟鸣鼎食之家；舸舰弥津，青雀黄龙之舳。云销雨霁，彩彻区明。落霞与孤鹜齐飞，秋水共长天一色。渔舟唱晚，响穷彭蠡之滨；雁阵惊寒，声断衡阳之浦。

遥襟甫畅，逸兴遄飞。爽籁发而清风生，纤歌凝而白云遏。睢园绿竹，气凌彭泽之樽；邺水朱华，光照临川之笔。四美具，二难并。穷睇眄于中天，极娱游于暇日。天高地迥，觉宇宙之无穷；兴尽悲来，识盈虚之有数。望长安于日下，目吴会于云间。地势极而南溟深，天柱高而北辰远。关山难越，谁悲失路之人？萍水相逢，尽是他乡之客。怀帝阍而不见，奉宣室以何年？

嗟乎！时运不齐，命途多舛。冯唐易老，李广难封。屈贾谊于长沙，非无圣主；窜梁鸿于海曲，岂乏明时？所赖君子见机，达人知命。老当益壮，宁移白首之心？穷且益坚，不坠青云之志。酌贪泉而觉爽，处涸辙以犹欢。北海虽赊，扶摇可接；东隅已逝，桑榆非晚。孟尝高洁，空余报国之情；阮籍猖狂，岂效穷途之哭！

勃，三尺微命，一介书生。无路请缨，等终军之弱冠；有怀投笔，慕宗悫之长风。舍簪笏于百龄，奉晨昏于万里。非谢家之宝树，接孟氏之芳邻。他日趋庭，叨陪鲤对；今兹捧袂，喜托龙门。杨意不逢，抚凌云而自惜；钟期既遇，奏流水以何惭？

呜呼！胜地不常，盛筵难再；兰亭已矣，梓泽丘墟。临别赠言，幸承恩于伟饯；登高作赋，是所望于群公。敢竭鄙怀，恭疏短引；一言均赋，四韵俱成。请洒潘江，各倾陆海云尔：

滕王高阁临江渚，佩玉鸣鸾罢歌舞。

画栋朝飞南浦云，珠帘暮卷西山雨。

闲云潭影日悠悠，物换星移几度秋。

阁中帝子今何在？槛外长江空自流。

据说都督阎伯屿本想借机显露女婿的才华，而王勃不知谦让：

阎公意属子婿孟学士者为之，已宿构矣。及以纸笔巡让宾客，勃不辞让。公大怒，拂衣而起；专令人伺其下笔。第一报云："南昌故郡，洪都新府。"公曰："亦是老先生常谈！"又报云："星分翼轸，地接衡庐。"公闻之，沈吟不言。又云："落霞与孤鹜齐飞，秋水共长天一色。"公矍然而起曰："此真天才，当垂不朽矣！"遂亟请宴所，极欢而罢。①

《旧唐书》记载王勃：

　　勃恃才傲物，为同僚所嫉。有官奴曹达犯罪，勃匿之，又惧事泄，乃杀达以塞口。事发，当诛，会赦除名。时勃父福畤为雍州司户参军，坐勃左迁交趾令。上元二年，勃往交趾省父，道出江中，为《采莲赋》以见意，其辞甚美。渡南海，堕水而卒，时年二十八。②

江西南昌滕王阁③

　　王勃的《滕王阁序》被人们视为骈文的巅峰之作。后来，唐人王仲舒与王绪分别为滕王阁作《记》《赋》。唐代古文运动领袖韩愈反对骈文的绮丽之风，但对"三王"之作却颇为欣赏：

① （五代）王定保：《唐摭言》卷5，中华书局1959年版，第61页。
② （后晋）刘昫等：《旧唐书》第15册，中华书局1975年版，第5005页。
③ 许小轩：《滕王阁蕴涵的文学力量》，《江西画报》2008年第4期，第36页。

及得三王所为序赋记等，壮其文辞，益欲往一观而读之，以忘吾忧。①

王仲舒《滕王阁记》与王绪《滕王阁赋》，今已失传。

滕王阁经历了29次毁建。最后一次重建在1983年10月，滕王阁重建奠基。1989年10月，重建完成。这次重建，采用了梁思成设计的草图，仿宋建筑，重檐歇山顶，主体建筑共9层，高57.5米，底层南北长80米，东西宽140米，建筑面积13000平方米，坐落在象征古城墙的12米高台上。钢筋水泥结构。

梁思成、莫宗江1942年5月重建滕王阁计划草图渲染图②

江西南昌的滕王阁、湖北武汉的黄鹤楼、湖南岳阳的岳阳楼，合称江南三大名楼，滕王阁体量最大。岳阳楼为纯木结构，修葺后依然古貌。滕王阁与黄鹤楼为重新建设，钢筋水泥结构，内部安装了电梯。

仿古建筑使用现代建筑材料，无可厚非。但安装电梯，使古建筑现

① （唐）韩愈撰，马其昶校注，马茂元整理：《韩昌黎文集校注》，上海古籍出版社1986年版，第91页。

② 江西南昌旅游集团有限公司、南昌市滕王阁管理处主编：《滕王阁古今图文集成》，江西美术出版社2006年版，第38页。

代化，引发众议。梁思成大概不会料到，滕王阁、黄鹤楼可乘电梯上下……

瑰伟的滕王阁，配以绝美的序文，引来无数雅士观赏题咏。金代高永（字信卿）登临滕王阁，思贤怀古，感慨良多：

### 大江东去·滕王阁
#### 金·高永

闲登高阁，叹兴亡，满目风烟尘土。画栋珠帘当日事，不见朝云暮雨。秋水长天，落霞孤鹜，千载名如故。长空澹澹，去鸿嘹唳谁数。

遥忆才子当年，如橼健笔，坐上题佳句。物换星移知几度，遗恨西山南浦。往事悠悠，昔人安在，何处寻歌舞。长江东注，为谁流尽千古。①

中国古代文人大多有着基于生命思考的伤感情结。壮志难酬带来的苦闷，生命时限的巨大压迫，使他们陷入无奈的挣扎。登高望远，俯仰天地，星移斗转，物是人非，一代又一代的文人墨客倾吐着似曾相识的感叹，其中不乏哀怨、悲怆与凄凉。这种抒怀虽然少有豪迈，但其境界却是那种无病呻吟强作欢颜的高歌呐喊永远无法企及的。

经历了千年风雨，滕王阁几度圮毁，又都重新站立起来。在历史的长河中滕王阁不能消失，因为它承载了太多的中华文化以及民族情结：

"天下好山水，必有楼阁收。山水与楼台，又须文字留。"②清代诗人尚镕的这首诗作，道尽自然景观与人文景观之间的微妙关系。山水、楼阁、诗赋三者的巧妙结合，构成了东方古典园林文化特有的审美情趣。

---

① 清代《粤雅堂丛书·元草堂诗余》影印本卷上"信卿高"条。
② 笔者按：尚镕《忆滕王阁》。

……自王勃写下《滕王阁序》,滕王阁便名声鹊起。一时间,慕名而来的文人雅士、词客骚人、达官大儒竞相登临,吟咏不绝,形成一道绚丽多姿的文采风流。

…………

这支登阁题诗作赋的诗人队伍中,有白居易、杜牧、欧阳修、王安石、苏辙、朱熹、辛弃疾、文天祥、解缙、唐伯虎、汤显祖……登临滕王阁的人以千万计,而题诗作赋的人又有多少呢?谁也说不清,仅元明清三代,可资考证的诗文就有近两千首(篇)之多。此外,还有散曲、杂剧、楹联、匾额及话本等作品,也是洋洋大观,卷帙浩繁。

滕王阁可谓是一座文化大熔炉,它首创"诗文传阁"的先河,并融自然风物、建筑艺术、书画艺术、诗词歌赋和历史人文于一炉,是一座承载千年中华文化的殿堂。①

---

① 凌翼:《湖徽滕王阁》,《中国三峡》2018年第11期,第114—115页。